颜分析

通过脸型找到更适合
你的妆容和穿搭

［日］冈田实子———著

陈韵雅———译

贵州出版集团

贵州人民出版社

版权贸易合同审核登记图字：22-2022-084号

图书在版编目（CIP）数据

颜分析 / (日) 冈田实子著；陈韵雅译. —— 贵阳：
贵州人民出版社，2022.10
ISBN 978-7-221-17272-3

Ⅰ.①颜… Ⅱ.①冈… ②陈… Ⅲ.①服饰美学
Ⅳ.①TS941.11

中国版本图书馆CIP数据核字(2022)第164142号

颜分析 YANFENXI

[日] 冈田实子　著　　陈韵雅　译

出 版 人　王　旭
总 策 划　陈继光
责任编辑　唐　博
装帧设计　陈旭麟
出版发行　贵州人民出版社（贵阳市观山湖区会展东路SOHO办公区A座，
　　　　　邮编：550081)
印　　刷　天津丰富彩艺印刷有限公司（天津市宝坻区新开口镇产业功能
　　　　　区天源路6号，邮编：301815）
开　　本　889毫米 × 1194毫米　1 / 32
字　　数　90千字
印　　张　5.5
版　　次　2022年10月第1版
印　　次　2022年10月第1次印刷
书　　号　ISBN 978-7-221-17272-3
定　　价　58.00元

合适的衣服让你散发属于自己的魅力

这是一本致力于帮你发现自己的魅力、为自己的形象增添光彩，让你通过穿搭不断提升生活幸福指数的书。

作为一名形象顾问，我已经为5000多名女性提供了适合她们的服装、配饰、发型以及妆容方面的建议。见了这么多人，我深深地感受到，<u>每个人都有独特的魅力。只要能展现自身的魅力，每个人都会很美。</u>

有些人适合穿平整、简约的衬衫，有些人适合穿轻盈的女式衬衫。这就是个性的体现。如果个性被充分发挥出来，就会美得光彩照人。我见过无数个这样的例子。

请你回想一下，那些与你擦肩而过的漂亮女性是否都穿着一样的衣服？

想必有些人穿着很酷的衣服，有些人的穿搭却很有女人味。擅长穿搭的人穿的衣服肯定都是不一样的。

那么，什么样的人看起来既漂亮又会穿衣服呢？

那就是**身上的服装与自身魅力相称的人**。

只要服装与自身形象相称，看起来就会很棒。也就是说，**客观地了解自己的外貌是成为时尚达人的必要条件**。

时尚可以改变人生

除了"合适"，还有一件非常重要的事——人的造型和物品的"包装设计"很像。

假设你是造型师，要为出演电视剧的女演员挑选衣服。

如果你想找到适合该演员的衣服，你一定会先考虑"她演的是什么角色""那个角色的年龄有多大""那个角色的职业是什么""那个角色的性格如何"等问题。对人物形象整体上有所了解之后，你才能根据人物形象选出合适的衣服。你肯定不会仅仅根据容貌、体形和个人色彩[1]做出选择。

的确，**外貌是一种表达自我的信息——"我就是这样的人"**。

---

1 在本书中，个人色彩即皮肤、眼睛、头发等身体部位的颜色。——译注

只要在"合适"这个基础上，结合职业特点以及自己想呈现的形象，就能穿出自己的风格，过上精彩的人生。

接受我的穿搭建议之后，许多客户说："穿着你选的衣服去上班，很多人夸我好看！"还有客户说："自从穿了你选的衣服，我的人生越来越幸福了！"

对那些说"我想升职！我想当成功的企业家！"的人来说，只要选择"合适且符合职业形象"类型的服装，成功就近在眼前。

我为正在找结婚对象的客户选择"合适且相亲时会给人留下好印象"类型的服装后，她们的受欢迎程度发生了惊人的变化，很多人最后成功结婚了。甚至有客户邀请我去参加婚礼，对我说："多亏了你，我才能结婚！"

所以，我希望大家选择衣服时能明白自己想成为什么样的人，也希望大家能享受时尚的乐趣。为此，首先要了解自己的魅力，知道什么样的衣服适合自己。

本书的"脸型分析"部分能帮你协调服装与脸部氛围，"体形分析"部分能帮你更好地展现身材，"个人色彩分析"部分能让你更好地修饰肤色。将这3个判断结果结合起来，就能找到适合自己的时尚风格。只要回答问题、对照表格，就能准确地分析自己的外貌。

这些分析与特别的品位或技巧无关，用最简单的理论就能解释清楚。

最后，衷心希望本书能够助你开启通往幸福的大门。

一般社团法人日本脸型分析协会代表理事　冈田实子

CONTENTS

目录

Lesson

3 按脸型分类，展现魅力的专属服装

Lesson

1

关于选择合适的
衣服的新法则

什么样的衣服
适合我?

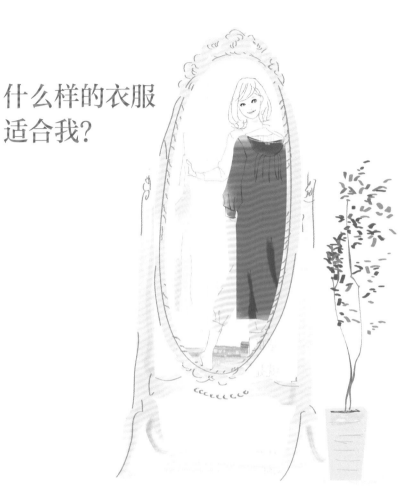

"买衣服时找不到合适的""有些衣服买来后才发现不合适,所以从来没穿过"……大家似乎都有同样的烦恼。

在对穿搭缺乏自信的人看来,擅长穿搭的人的品位是与生俱来的。其实,这种想法是不对的。很少有人生来就具备时尚品位，而且我们可以通过经验积累和环境熏陶不断地提升自己的时尚品位。

例如，并非所有的造型师都学过体形和个人色彩方面的知识。他们见过大量服装，不但自己试穿，也让模特儿试穿。经过反复试错，有意识地积累时尚经验，自然而然地形成了后天的品位。另一个影响因素是环境。在东京的青山¹或银座²生活了很长时间的人与住在乡下的人相比，看到的东西、接收的信息自然不同。因此，尽可能多地去商场或繁华街区，多看时尚杂志，就可以提升自己的时尚品位。不必担心，**品位是后天形成的**。

那么，合适的衣服是什么样的呢？

"合适"就是"与外貌相称"。

如果服装与外貌相称，看起来就会很棒；如果二者不相称，看起来就不太协调。

外貌是由什么构成的呢？

外貌由脸型、体形和个人色彩构成。

---

1 日本东京都港区的一个区域，汇聚了不少世界知名时装品牌的店铺。——译注
2 日本东京都中央区的一个商业区，高级商场林立，与前面的青山同为时尚达人的聚集地。——编注

Question! ────── { 提问环节 }

请想象:

{ 问题 } **1** 你认为演员天海祐希适合
穿什么样的衣服?

{ 问题 } **2** 你认为演员深田恭子适合
穿什么样的衣服?

你首先想到了什么呢?

是天海祐希和深田恭子的体形,还是她们的肤色?

应该都不是吧,你最先想到的一定是她们的脸型。

没错,**衣服是否合适,主要由脸型决定。**

决定衣服是否合适的 **3** 条法则

1
Face type
脸型

通过**脸型分析**了解与脸型相称的服装的设计、细节、图案和材质。

2
Body type
体形

通过**体形分析**了解让身材看起来更好的服装板型和平衡感特征。

3
Personal color
个人色彩

通过**个人色彩分析**了解与皮肤、眼睛、头发颜色相称的色彩。

这3点代表"**合适的维度**"。

再将它们与职业特点、目的、场景、理想形象、个人喜好等因素结合起来,就能找到合适的时尚造型。

Face type

法则

1

脸 型

衣服是否合适的关键是脸型分析

　　看电视的时候，经常会看到许多女演员穿着漂亮的服装出场。她们穿着与自身形象相称的服装，为了突出自己的魅力，还精心设计了发型。

　　她们的形象之所以总是那么完美，是因为专业的造型师和发型师从客观的角度出发，为她们量身打造了合适的造型。

　　例如，演员黑木明纱是一位长相成熟的美女，她适合风格犀利、有攻击性的服装和妆容。若非角色需要，她不会穿有轻盈感的可爱服装。

　　如果衣着与外貌不相称，就会给人留下不协调的印象。反

之，如果衣着与外貌相称，别人就会觉得你是一个了解自己且有自信的人。**合适的服装能够展现自己的魅力，给人留下良好的印象。**

我设计的脸型分析测试根据面部形象将人的脸型分为8种类型，可以帮你找出适合你的风格及品牌。

一个人的脸型是最有个性的地方，脸型气质与服装风格是否协调至关重要。因此，脸型气质就是选择服装的标准。有了这个标准，之后与体形分析和个人色彩分析的结果参照比较时就不会迷失方向。

同时，脸型分析也会让你知道不适合你的单品和你最好避免穿着的单品有哪些，帮你通过穿搭充分发挥自身的优势。

Body type

法则 2

体形

让身材看起来更好的体形分析

"个子不高的人应该穿短下装,让视觉重心上移""露出锁骨可以增添女人味,还有显瘦的效果"……时尚杂志中有许多这样的穿搭技巧。

但是,很多人觉得"自己好像不应该这么穿"。

杂志里的内容通常不会有错。但这类面向大众的读物需要考虑大多数人的情况,有些内容不太贴合个人实际。

然而,本书会通过体形分析提供个性化建议。

例如,应该让视觉重心上移的原因不在于你的个子不高,而在于身体的重心偏下;有些人露出锁骨更好看,有些人露出锁骨却显得很寒酸。

如果想让自己的体形看起来更美，体形分析非常有用。体形分析以与生俱来的"身体线条"和"肌肉柔软度"为基础，将体形分为"直筒型""波浪型"和"自然型"。

通过体形分析，我们可以了解让身材看起来更好的服装板型和整体平衡。

法则 **3**

个人色彩

让皮肤和眼睛看起来更美的**个人色彩分析**

在服装店的试衣间里试穿衣服时，会有"我好像变漂亮了"或者"怎么这么显老……"等感受。衣服挂在衣架上的观感和真正穿在身上的观感往往有所不同。这是因为在衣服颜色的衬托下，肤色和眼睛的颜色会有微妙的不同。

穿上提气色的衣服，你的肤色就会给人一种年轻、健康的感觉，显得更好看。此外，这类衣服可以突出面部的立体感，让脸看起来更小，还可以让眼睛看起来更明亮，带来许多很好的效果。但是，如果衣服的颜色不合适，肤色会显得很暗淡，更容易显老、显胖，让你的缺点更明显。

通过个人色彩分析，我们可以找到适合自己的颜色。这项分析会根据皮肤、眼睛、头发等身体部位的颜色，找出与之协调的颜色。个人色彩类型分为**"春季型""夏季型""秋季型""冬季型"**。

分析结果不会被暂时晒黑了这类因素影响，基本上一生适用。不过，我们**需要注意的是衰老的影响**。年轻时皮肤有弹性，面部没有阴影，所以也许能驾驭分析结果显示不适合自己的颜色。

但是，随着年龄的增长，皱纹、色斑、皮肤松弛会让面部阴影增多。这时如果穿上颜色不合适的衣服，阴影就会更加突出，不合适感也会更加明显。

有些衣服以前可以穿，现在不适合自己了，可能就是这个原因导致的。所以，**越成熟的女性选择衣服时越应注意颜色是否合适**。

2

你是哪种类型？
脸型分析

了解自己的脸型

　　接下来要介绍的脸型分析会对人的面部特征进行分析，并将结果分为8种类型。

　　通过脸型分析，你会对适合自己的时尚风格（服装款式、品牌的大致方向）、图案、面料、配饰和发型有所了解。

　　测试一共有16个问题。**只需要准备一面镜子！**首先，仔细观察自己的脸。细节很重要，整体印象也很重要，可以不时凑近镜子或稍微离远一点，反复观察。

{ 脸型分析能告诉你这些事 }

合适的
时尚风格

合适的图案

合适的面料

合适的配饰

合适的发型

{ 脸型分析的效果 }

服装与脸型**相称**时

· 更能突出自己的魅力
· 给别人留下好印象
· 造型有时尚感
· 让人觉得你很了解自己

服装与脸型**不相称**时

· 无法突出自己的魅力
· 看起来不协调
· 看起来很俗气
· 让人觉得你不太了解自己

脸型分析①
儿童型还是成人型?

对脸型进行分类，首先要看的是年龄感。

请回答问题1~8，在 Ⓐ 和 Ⓑ 中选择符合自己情况的一项。这些问题可以将脸型分为"儿童型"和"成人型"。

1. 脸的形状是?

☐ Ⓐ 圆脸
　　横向方脸
　　（脸长小于脸宽）

☐ Ⓑ 鹅蛋脸
　　长脸
　　纵向方脸
　　（脸长大于脸宽）

2. 下巴的长度是?

☐ Ⓐ 下巴比较短
☐ Ⓑ 下巴比较长

3. 眼睛的位置是?

☐ Ⓐ 眼距比较宽
☐ Ⓑ 眼距比较窄

4. 鼻子的高度是?

☐ Ⓐ 鼻梁比较低
☐ Ⓑ 鼻梁比较高

5. 面部整体有立体感吗?

☐ Ⓐ 脸比较平
☐ Ⓑ 脸比较立体

6. 眼睛的大小是?

☐ Ⓐ 眼睛比较小
☐ Ⓑ 眼睛比较大

7. 鼻翼的宽度是?

☐ Ⓐ 鼻翼的宽度小于一只眼睛的宽度
☐ Ⓑ 鼻翼的宽度大于一只眼睛的宽度

8. 嘴的大小是?

☐ Ⓐ 嘴比较小
☐ Ⓑ 嘴比较大

选项为 Ⓐ 与 Ⓑ 的分类到此结束!
请记住每个选项出现的次数。

Ⓐ ＿＿＿＿＿＿＿＿ 个

Ⓑ ＿＿＿＿＿＿＿＿ 个

脸型分析②
直线型还是曲线型?

回答问题9~16，在 Ⓒ 和 Ⓓ 中选择符合自己情况的一项。这些问题可以将脸型分为"直线型（男性脸型）"和"曲线型（女性脸型）"。根据选择结果，可以判断你属于哪种脸型。请记录你选择各个选项的次数。

9.面部的整体形状是?

☐ Ⓒ 面部骨骼不是很明显
（圆脸或鹅蛋脸）

☐ Ⓓ 面部骨骼比较明显
（长脸或方脸）

10.脸颊有肉感吗?

☐ Ⓒ 脸颊比较圆

☐ Ⓓ 脸颊不太圆

11.眼睛的形状是?

☐ Ⓒ 眼睛比较圆，纵向上比较宽

☐ Ⓓ 眼睛比较细长

12.眼皮是什么样的?

☐ Ⓒ 比较宽的双眼皮

☐ Ⓓ 单眼皮或内双

13.眼尾是什么样的?

☐ Ⓒ 眼尾下垂

☐ Ⓓ 眼尾上扬

14.眉毛的形状是?

☐ Ⓒ 眉峰不明显的拱形

☐ Ⓓ 眉峰比较锐利或整体呈直线型

15.鼻子的形状是?

☐ Ⓒ 鼻翼比较圆

☐ Ⓓ 鼻梁挺直

16.嘴唇的厚度是?

☐ Ⓒ 嘴唇比较厚

☐ Ⓓ 嘴唇比较薄

选项为 Ⓒ 和 Ⓓ 的分类到此结束!
请记住每个选项出现的次数。

Ⓒ _____ 个

Ⓓ _____ 个

查看结果!
分析结果是······

Ⓐ比较多，Ⓒ出现了7~8次

甜美型**或**活泼可爱型
⇒眼睛比较小或一般大小···甜美型
⇒眼睛大而有神···活泼可爱型

Ⓐ比较多，Ⓓ出现了2~8次

清新型**或**帅气休闲型
⇒D出现了2~6次···清新型
⇒D出现了7~8次···帅气休闲型

Ⓑ比较多，Ⓒ出现了7~8次

魅力型

Ⓑ比较多，Ⓓ出现了2~6次

温柔优雅型**或**优雅型
⇒眼睛比较小或一般大小···温柔优雅型
⇒眼睛大···优雅型

Ⓑ比较多，Ⓓ出现了7~8次

帅气型

你知道自己属于哪种脸型了吗？

　　这项测试旨在分析你的外貌。
　　"素颜是单眼皮，妆后是双眼皮""因为嘴唇比较薄，所以化唇妆时会营造饱满的效果""素颜时几乎没有眉尾，化妆时会用眉笔补上"······如果有这类情况，可以按照平时妆后的样子作答。

脸型坐标系——
8 种类型

前面的 2 项分析结果可以绘制成下图所示的坐标系。由于测试是根据面部的直线或曲线特征进行判断的，我们不难看出，即使是同一张脸，也可以通过改变发型或妆容向其他类型靠近。知道了自己的脸型，接下来就来看看适合自己的服装风格吧！适合或不适合的原因会在文中——列出。

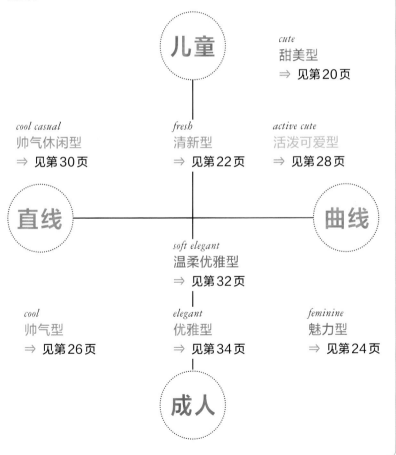

儿童

cute
甜美型
⇒ 见第20页

cool casual
帅气休闲型
⇒ 见第30页

fresh
清新型
⇒ 见第22页

active cute
活泼可爱型
⇒ 见第28页

直线

曲线

soft elegant
温柔优雅型
⇒ 见第32页

cool
帅气型
⇒ 见第26页

elegant
优雅型
⇒ 见第34页

feminine
魅力型
⇒ 见第24页

成人

甜美型

圆脸

◎ **特征**

面容类型：儿童型 × 曲线型

脸型：圆脸

立体感：平面感较强

五官及轮廓：五官偏圆，没有棱角

五官大小：较小或一般大小

Face type

cute
[甜美型]

fresh
[清新型]

feminine
[魅力型]

cool
[帅气型]

21

active cute
[活泼可爱型]

cool casual
[帅气休闲型]

soft elegant
[温柔优雅型]

elegant
[优雅型]

◎ 印象

可爱、年轻、有亲和力、柔和、能激起保护欲、女孩子气。

◎ 代表人物

桥本环奈、小仓优子。

"儿童型 × 曲线型"这种面容特征非常明显，通常看起来比实际年龄年轻。

面部轮廓和五官线条以曲线线条为主，起伏较少，平面感较强，给人一种柔和、明澈的感觉。即使年龄增长也不会影响可爱程度。

这个类型的人的劣势是看起来很幼稚、不够可靠。

如果想显得成熟一些，可以向魅力型靠近。如果想减少甜美感，可以向清新型靠近。如果完全采用帅气风穿搭，会显得不协调，一定要多加注意。

清新型

圆脸

较宽的
方脸

◎ 特征

面容类型：儿童型 × 直线型与曲线型相结合

脸型：圆脸、较宽的方脸

立体感：平面感较强

五官及轮廓：局部线条呈直线或有棱角

五官大小：较小或一般大小

◎ 印象

清新、清爽、有亲和力、年轻、纯净感、可爱。

◎ 代表人物

广末凉子。

这个类型的人通常看起来比实际年龄年轻，不容易显老。由于具有纯净感和亲和力，会给人留下容易亲近的印象。

这个类型的人的劣势是看起来很温顺、不太可靠。

由于是直线型和曲线型相结合的类型，适合的时尚风格比较多样。

如果想显得成熟一些，可以向温柔优雅型靠近。面部直线线条较多的人适合清爽、简约的单品。面部曲线线条较多的人适合与甜美型类似的风格。

Face type ｛ 03 ｝ feminine

魅力型

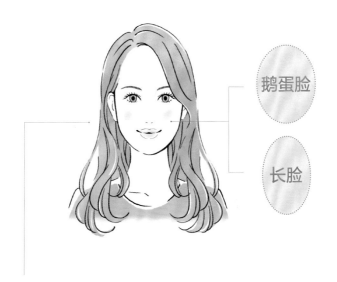

鹅蛋脸

长脸

○ 特征

面容类型：成人型 × 曲线型

脸型：鹅蛋脸、长脸

立体感：标准程度或立体感较强

五官及轮廓：五官有较强的曲线感，没有明显的棱角

五官大小：较大或一般大小

cute
[甜美型]

fresh
[清新型]

feminine
[魅力型]

cool
[帅气型]

active cute
[活泼可爱型]

cool casual
[帅气休闲型]

soft elegant
[温柔优雅型]

elegant
[优雅型]

◎ 印象

有女人味、贵气、优雅、成熟、性感、漂亮。

◎ 代表人物

佐佐木希、深田恭子。

"成人型 × 曲线型"这个特征非常明显。这个类型的人很有女人味，很成熟，很多典型的美女都属于这个类型。在女演员中这一类型也是最常见的。

虽然不太可能有外貌方面的烦恼，但有些人可能不喜欢自己看起来太女性化。这种情况下，可以通过减少曲线线条来削弱甜美感，增加帅气感。

造型可以向优雅型或温柔优雅型靠近。但是要注意，如果完全采用简约、帅气风格的穿搭，就无法突出自身的魅力。

Face type { **04** } cool

帅气型

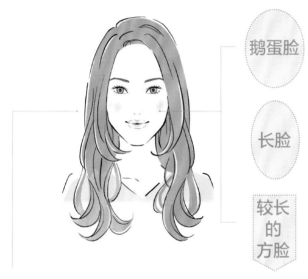

鹅蛋脸

长脸

较长的方脸

○ **特征**

面容类型：成人型 × 直线型

脸型：鹅蛋脸、长脸、较长的方脸

立体感：标准程度或立体感较强

五官及轮廓：五官线条以直线为主，棱角明显

五官大小：较大或一般大小

◦ 印象

帅气、英气、优雅、成熟、潇洒、时尚感。

◦ 代表人物

天海祐希、黑木明纱。

"成人型 × 直线型"这个特征非常明显。这个类型的人不属于所谓的可爱系，而是美女系。

虽然看起来相当可靠，但显得太过严肃。年轻的时候通常比同龄人看起来更稳重。

如果不希望看上去太严肃，可以向优雅型或温柔优雅型靠近，增加柔和的氛围。除了服装，还可以尝试在发型或妆容上增加一些曲线线条。

Face type

cute
〔甜美型〕

fresh
〔清新型〕

feminine
〔魅力型〕

cool
〔帅气型〕

27

active cute
〔活泼可爱型〕

cool casual
〔帅气休闲型〕

soft elegant
〔温柔优雅型〕

elegant
〔优雅型〕

活泼可爱型

圆脸

❀ 特征

面容类型：儿童型 × 曲线型

脸型：圆脸

立体感：平面感较强

五官及轮廓：五官比较圆，没有棱角

五官大小：大（尤其是眼睛大而有神）

Face type

cute
[甜美型]

fresh
[清新型]

feminine
[魅力型]

cool
[帅气型]

29

active cute
[活泼可爱型]

cool casual
[帅气休闲型]

soft elegant
[温柔优雅型]

elegant
[优雅型]

◎ 印象

有活力、有亲和力、活泼、可爱、时尚、力量感。

◎ 代表人物

新垣结衣、渡边直美。

这个类型的人看起来比实际年龄年轻。

圆圆的轮廓和五官符合儿童型特征，同时，由于五官比较大，给人一种成熟、活泼、充满力量的感觉。尤其是眼睛又大又明亮，看起来好奇心很旺盛。

虽然具有"儿童型 × 曲线型"这个特征，轻盈、可爱的风格却与面部的力量感不相称。适合比可爱风花哨一些的单品以及挺括的面料。

如果想显得更成熟，可以向魅力型或优雅型靠近。

帅气休闲型

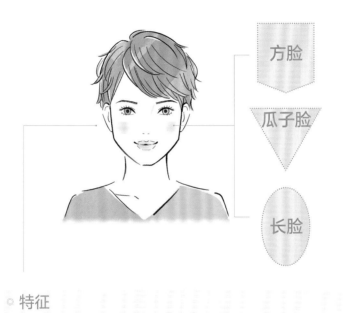

方脸

瓜子脸

长脸

◎ **特征**

面容类型：儿童型 × 直线型

脸型：方脸、瓜子脸、长脸

立体感：平面感较强

五官及轮廓：五官线条以直线为主，有明显棱角

五官大小：较小或一般大小

◎ 印象

帅气、中性、潇洒、清新、英气、有艺术气息。

◎ 代表人物

刚力彩芽、RYO。

"儿童型 × 直线型"这个特征非常明显，通常比实际年龄看起来年轻。

五官和轮廓大多呈直线，给人一种很酷的感觉。脸颊没有肉感，有时显得表情不够丰富，有些男孩子气。

如果想给人一种柔和的感觉，可以向清新型靠近。如果想显得成熟一些，可以向帅气型或优雅型靠近。

温柔优雅型

鹅蛋脸

长脸

较长的方脸

○ 特征

面容类型：成人型 × 直线型与曲线型相结合

脸型：鹅蛋脸、长脸、较长的方脸

立体感：标准程度或立体感较强

五官及轮廓：局部线条为直线，有明显棱角

五官大小：较小或一般大小

Face type

cute
［甜美型］

fresh
［清新型］

feminine
［魅力型］

cool
［帅气型］

◎ 印象

柔和、温柔、高雅、细腻、认真、有女人味。

◎ 代表人物

吉永小百合、仲里依纱。

脸部较长，属于成人型，具有直线型与曲线型相结合的特征。这个类型的人给人一种柔和、高雅、沉着的感觉。同时，由于五官偏小，会给人留下温柔的印象。

这个类型的人的劣势是看起来过于保守、认真。如果想改变这种印象，可以向优雅型靠近。

如果想穿得休闲一些，可以向清新型靠近。

33

active cute
［活泼可爱型］

cool casual
［帅气休闲型］

soft elegant
［温柔优雅型］

elegant
［优雅型］

优雅型

鹅蛋脸

长脸

较长的方脸

◦ 特征

面容类型：成人型 × 直线型与曲线型相结合

脸型：鹅蛋脸、长脸、较长的方脸

立体感：标准程度或立体感较强

五官及轮廓：局部线条为直线，有明显棱角

五官大小：较大

◎ 印象

优雅、高雅、精致、华丽、稳重。

◎ 代表人物

后藤久美子。

脸部偏长，属于成人型，具有直线型和曲线型相结合的特征。这个类型的人给人一种高贵典雅、沉着冷静的印象。也是女演员中常见的类型。

这个类型的人的劣势是看起来过于高调或过于严肃。如果想改变这种印象，可以向温柔优雅型靠近。

专栏1
这些事会影响你给别人的印象！

不同的脸型会给人不同的印象。除此之外，下面这些事也会影响你给别人的印象。

※ 个子不高的人看起来更孩子气、更可爱。

※ 个子较高的人看起来更成熟、更稳重。

※ 骨架较大且身材较厚的人看起来更有力量感。

※ 肤色较暗（黑）的人看起来更稳重、更有男性气质。

※ 经常眨眼的人看起来更有女性气质且气场更弱。

※ 不常眨眼的人看起来更有男性气质且气场更强。

人们会综合有关外貌的各种信息，决定他们对你的印象。

3

按脸型分类，
展现魅力的专属服装

能够最自然地展现美感、
与脸型相称的服装

知道了自己的脸型，下一步就要具体了解什么样的衣服、配饰以及哪些品牌适合自己。

将"儿童型""成人型""直线型""曲线型"这些特点结合起来，会更接近真实的脸型风格。

下面将具体说明分析结果中的8种类型分别是什么样的。

在此基础上，本节还会对适合各种脸型的服装、配饰、发型以及应该避开的细节进行详细说明。

掌握了自己脸型的优势与劣势，会更容易找到与面部相称的单品，并且能够立即确定是否适合自己。

不过，我们不能被"只适合穿这种""不能穿那种"之类的想法限制。

此外，本节还会为各种脸型推荐合适的时尚杂志。不用担心"这本杂志是不是不适合我这个年纪的人看"，基本上每本杂志都有擅长的风格。

例如，甜美型的人适合阅读介绍以年轻一代为目标受众的品牌的杂志，可以参考里面推荐的风格。

阅读那些适合你的年龄的杂志，你可能会看到很多不适合你的衣服——因为它们的风格过于帅气。实际上，很多品牌会推出面向40岁以上的人群的可爱风服装。

脸型分析得出的风格应占整体穿搭的70%，其他风格不能超过30%，这样就能轻松地搭配出合适的造型。再将自己喜欢的风格、潮流趋势等因素作为点睛之笔加入其中，就能穿出属于自己的时尚风格。

儿童型适合休闲风

推荐休闲、简约的服装

脸型属于儿童型的人适合穿休闲风的服装。如果穿得过于正式，会有种驾驭不了的不协调感。所以，想走成熟路线的话，可以在局部加入可爱或休闲的元素，这样穿着才会与脸型相称。

成人型适合正式的风格

推荐雅致且具有高级感的服装

脸型属于成人型的人适合穿偏正式的服装。如果穿得过于休闲，可能会给人留下不修边幅的印象。即使想走休闲路线，也要加入一些正式且具有高级感的元素，让穿着与脸型相称。

面部直线线条较多的人
适合直线型单品

在衣服的轮廓和图案中加入直线

面部直线线条较多的人适合穿带直线型设计的服装。

领口线条直接受面部影响，所以要特别注意。V字领上衣、西服领夹克以及没有任何装饰的简约设计主要由锐利的直线线条构成，很适合这类人。而大花边、圆领、圆形花纹和波点图案都具有较强的曲线感，不太适合这类人。

直线型条纹、几何图案、斑马纹图案都与直线型脸型相称。

虽然服装材质与体形有关，但也有与脸型有关的部分。脸型具有直线型特征的人适合纹理细密、表面平滑、挺括的材质。

面部曲线线条较多的人
适合曲线型单品

在衣服的轮廓和图案中加入曲线

面部曲线线条较多的人适合穿带曲线型设计的服装。

尤其要注意领口，娃娃领、圆领、U字领、波形褶边等曲线型设计比较适合这类人。尖领衬衫和深V字领设计主要由直线线条构成，不适合这类人。

形状偏圆的花朵图案、波点图案、璞琪（Pucci）图案[1]、腰果花图案、豹纹图案都可以给人留下自然的印象。而对比强烈的粗条纹等强调直线的花纹很难搭配。

此外，虽然适合哪种服装材质与体形有关，但也多少与脸型有关。脸型具有曲线型特征的人适合柔软的材质或带绒毛的材质。

43

---

1 意大利设计师艾米里欧·璞琪（Emilio Pucci）及其同名公司设计的服装经常印着色彩鲜艳的万花筒状图案，这种图案被称作璞琪图案。——译注

Face type { 01 } cute

甜美型

通过整体造型营造可爱、女性化、温柔的氛围，就能让魅力值增加。由于脸型属于儿童型，所以比起成熟、优雅的风格，更适合可爱、女孩子气的风格。如果不想打扮得过于甜美，可以以简约风为基础，在配饰或领口形状等处加一些曲线元素。

◎ 适合的风格

可爱、休闲、少女、甜美、温婉。

◎ 推荐品牌

Apuweiser-riche、JUSGLITTY、anatelier、Swingle、aquagirl、Rirandture、ELISA、TOCCA、FOXEY、JILLSTUART、SunaUna、any SiS、Aveniretoile、JUNKO SHIMADA、René、Sybilla、kate spade、STRAWBERRY-FIELDS、TSUMORI CHISATO、QUEENS COURT、MARGARET HOWELL。

◎ 推荐杂志

《MORE》《andGIRL》《sweet》《steady》《Ray》《Liniere》。

cute
[甜美型]

fresh
[清新型]

feminine
[魅力型]

cool
[帅气型]

45

active cute
[活泼可爱型]

cool casual
[帅气休闲型]

soft elegant
[温柔优雅型]

elegant
[优雅型]

轻松驾驭可爱的风格！

◎ 上装

上装离面部较近，该类型的人适合与面部风格相称的曲线型设计。例如，U字领比V字领更合适，圆领比方领更合适。褶子、波形褶边、带宝石装饰的元素也很不错。即使设计非常简约，泡泡袖或蕾丝元素也会让衣服更可爱。如果觉得衣服太朴素，显得有些单调，可以用配饰增添可爱感。

最好选择牛角扣大衣或牛仔外套这类可爱、休闲的外套。如果选择羊毛大衣或开司米大衣，推荐选择娃娃领、大翻领或无领的款式。虽然双排扣大衣这类直线感强的衣服不太合适，但领子比较大的款式或衣长较短的款式可以增添可爱感，可以酌情选择。

◎ 下装

喇叭裙、梯形裙、茧形裙、A字裙都比较合适。如果穿长裙，棉质的很合适。

裤装可以选择牛仔裤、棉质的休闲裤、紧身裤、短裤。如果是风格较成熟的裤子，带褶边或缎带这类曲线元素的更合适。

cute
【甜美型】

fresh
【清新型】

feminine
【魅力型】

cool
【帅气型】

◎ 图案

花朵、波点等包含圆形元素的偏可爱、休闲风的图案都比较合适。粗而显眼的条纹、几何图案这类直线感强、边缘锐利的图案以及太夸张的图案不太合适。

◎ 鞋、包和帽子

芭蕾平底鞋或运动鞋这类前端偏圆的鞋比较合适。在箱包方面，也推荐包含圆形元素的设计，例如草编包等有休闲感的单品。在帽子方面，贝雷帽等具有低龄感的单品很合适。礼帽这类帅气、中性风的帽子会显得不协调。

active cute
【活泼可爱型】

cool casual
【帅气休闲型】

soft elegant
【温柔优雅型】

elegant
【优雅型】

◎ 配饰

　　造型较圆、小尺寸到普通尺寸的配饰比较合适。最好不要选择尺寸较大、造型夸张的配饰。推荐戴纤细、可爱的配饰。突出女性气质的华丽腕饰及曲线感强、带圆形元素的戒指都是极佳选择。至于手表，可以选择表盘为圆形或椭圆形的款式。

请将时尚单品的图片贴在下面。

Face type

cute
[甜美型]

fresh
[清新型]

feminine
[魅力型]

cool
[帅气型]

Point
发型指南

圆弧状发型
最能展现魅力

○ 长度

推荐短发到中长发的长度。头发越长，越显得稳重。可以通过剪刘海儿或随意盘发增加低龄感，让整体风格更加平衡。丸子头非常适合该类型的人。在刘海儿方面，直刘海儿、斜刘海儿或能露出额头的刘海儿都很不错。

○ 轮廓

整体轮廓应该呈蓬松的圆弧状。碎发、有层次感的发型、前长后短的齐颈短发这类直线感强的发型不太合适。

49

active cute
[活泼可爱型]

cool casual
[帅气休闲型]

soft elegant
[温柔优雅型]

elegant
[优雅型]

短发　　　　　　中长发　　　　　　长发

Face type { 02 } fresh

清新型

该类型的人脸型特征为"儿童型 × 直线型和曲线型相结合"，清爽、简约、休闲的风格比较合适。在穿搭中加入休闲元素，会让这类人更加迷人。想展现成熟或优雅的气质时，不必改变整体风格，改变局部元素（面料、设计、配饰等）即可。

◎ 适合的风格

清新、休闲、温柔优雅、中性、素净。

◎ 推荐品牌

UNITED ARROWS、BEAMS、SHIPS、Spick & Span、ROPE'、IENA、HELIOPOLE、PLST、BARNYARDSTORM、NOLLEY'S、NATURAL BEAUTY BASIC、UNTITLED、23 区、INED、MACKINTOSH PHILOSOPHY、JIL SANDER NAVY、Shinzone、HUMAN WOMAN、MACPHEE、nano·universe、ADAM ET ROPE'、MHL。

◎ 推荐杂志

《VERY》《LEE》《InRed》《GLOW》《Liniere》《Oggi》。

cute
[甜美型]

fresh
[清新型]

feminine
[魅力型]

cool
[帅气型]

51

active cute
[活泼可爱型]

cool casual
[帅气休闲型]

soft elegant
[温柔优雅型]

elegant
[优雅型]

朴素的简约休闲风最合适

◎ 上装

简约的设计很适合该类型的人。装饰性元素或褶边太多的衣服不太合适。另外，该类型的人可以轻松驾驭横条纹T恤衫和条纹衬衫裙这种兼具直线元素与休闲感的单品。由于该类型的人有儿童型特征，比起笔挺的成熟风衬衫，低领衬衫这种设计或材质偏休闲风的衣服是更好的选择。最好避免选择装饰性设计过多或非常有个性的单品。

在外套方面，推荐牛角扣大衣、双排扣大衣、立式折领大衣、连帽大衣、牛仔外套这类设计简约、具有休闲感的款式。

◎ 下装

A字裙、紧身裙、喇叭裙（褶子较少的款式）、梯形裙比较合适。如果穿长裙，棉质的比较合适。

裤装可以选择牛仔裤、棉质的休闲裤、紧身裤、短裤。

◎ 图案

原则上纯色是最合适的。如果希望衣服上有图案，推荐横条纹、细一些的竖条纹、星星图案、维希格纹[1]、碎花图案等底色面积较大、图案较少的款式。最好避免选择有粗条纹、几何图形等视觉冲击感强的图案的款式。

◎ 鞋、包和帽子

运动鞋、平底尖头鞋、简约的浅口鞋都很合适。托特包或类似形状的皮革包这类包含直线元素的休闲单品很不错。在帽子方面，该类型的人适合报童帽、户外风的遮阳帽这类帽檐较短、外观小巧的帽子。最好避免选择帽檐较宽的优雅风宽边女帽。

1 原为一种名为 Gingham 的平纹织物，多为条纹或白色和另一种亮色组成的格纹图案。由于法国的维希（Vichy）生产这种织物，所以这种图案也被称为维希格纹。——译注

◎ 配饰

　　该类型的人适合小尺寸到普通尺寸的包含直线元素、设计简约的单品。虽然尺寸较大、造型夸张的配饰可能会难以驾驭，但如果想要华丽或强势的感觉，只要造型足够简约，大尺寸的耳钉或耳环都可以戴。包含简洁的直线线条的腕饰、装饰性元素较少的简约风戒指非常合适。至于手表，推荐包含小巧的方形表盘、尼龙表带这些休闲元素的款式。

请将时尚单品的图片贴在下面。

Face type

cute
［甜美型］

fresh
［清新型］

feminine
［魅力型］

cool
［帅气型］

55

active cute
［活泼可爱型］

cool casual
［帅气休闲型］

soft elegant
［温柔优雅型］

elegant
［优雅型］

发型的关键在于轻盈感、自然感

Point
发型指南

○ **长度**

推荐短发到中长发的长度。比起长发，齐肩的长度更有吸引力。原则上适合有刘海儿的发型，如果想显得成熟一些，可以剪斜刘海儿或不剪刘海儿。

○ **轮廓**

整体轮廓应该具有直线感。如果想烫发，太夸张的卷发会有不协调的感觉，推荐自然的波浪卷或发尾外翘的发型。如果选择中长发，直发或稍微内扣的发型都很合适。

短发

中长发

长发

魅力型

"成人型×曲线型"这一特征适合成熟、有女人味的风格。即使是简约风，也应包含一些曲线、褶子类设计。华丽的设计也很适合该类型的人。由于休闲风的衣服不太合适，就算想显得随意一些，也要在搭配中加入华丽、有高级感的元素。

◎ 适合的风格

有女人味、优雅、性感、端庄。

◎ 推荐品牌

ANAYI、Apuweiser-riche、JUSGLITTY、LAISSE PASSE、PROPORTION BODY DRESSING、M-PREMIER、Maglie par ef-de、CLATHAS、Jewel Changes、EPOCA、PAOLA FRANI、FOXEY、STRAWBERRY-FIELDS、PAULE KA、SunaUna、SOUP、TADASHI SHOJI、La TOTALITE、René。

◎ 推荐杂志

《美人百花》《andGIRL》《sweet》《steady》《CanCam》《25ans》。

cute
[甜美型]

fresh
[清新型]

feminine
[魅力型]

cool
[帅气型]

57

active cute
[活泼可爱型]

cool casual
[帅气休闲型]

soft elegant
[温柔优雅型]

elegant
[优雅型]

瞬间引人注目的华丽感
和女人味是最强武器

◦ 上装

不过分休闲的成熟女性风格的上衣是最合适的。例如，比起T恤衫，女式衬衫或蕾丝上衣更合适。由于面部曲线线条较多，领口或袖子包含曲线元素的设计比较合适。U字领或圆领比V字领更好。可以放心选择有褶子的设计、蝴蝶结衬衫这类有女人味的单品。在外套方面，可以选择华丽的毛皮大衣、优雅的圆领外套或青果领[1]外套。连帽外套、牛仔外套、牛角扣大衣这类具有低龄感的服装不太合适。

◦ 下装

如果选择裙装，喇叭裙、紧身裙、A字裙比较合适。裙长以及膝裙至长裙的长度为佳。

如果选择裤装，材质比较高级的阔腿裤、压褶裤、紧身裤这类能突出女性曲线的裤子比较合适。如果要穿牛仔裤，最好选择破洞较少的款式。

---

1 驳头及领面与衣身相连的一种领子，是翻驳领的一种变形。——译注

◦ 图案

花朵、波点、腰果花、豹纹这类曲线型图案比较合适。类似千鸟格或威尔士亲王格的成熟风格纹也可以接受。要注意，虽然同为花朵图案，但碎花图案有时候会显得土气，所以要尽量选择普通尺寸到大尺寸的花朵图案。粗条纹或斑马纹这类直线型图案不太合适。

◦ 鞋、包和帽子

圆头浅口鞋或裸色凉鞋这类具有女人味和高级感的鞋子比较合适。运动鞋通常不太合适。像宝莱（Bolide）包[1]这种具有高级感、没有棱角的包是最合适的。在帽子方面，帽檐较宽的宽边女帽比较合适。最好不要选择休闲风棒球帽以及户外风遮阳帽。

1 爱马仕的一款经典手提包。——译注

cute
[甜美型]

fresh
[清新型]

feminine
[魅力型]

cool
[帅气型]

59

active cute
[活泼可爱型]

cool casual
[帅气休闲型]

soft elegant
[温柔优雅型]

elegant
[优雅型]

◎ 配饰

　　普通尺寸到大尺寸的曲线型配饰比较合适。该类型的人能驾驭华丽的大尺寸配饰，如果戴小巧的耳饰，会给人单调、无趣的印象。腕饰、戒指和手表也不要选择直线型、棱角分明的款式。

请将时尚单品的图片贴在下面。

Face type

cute
【甜美型】

fresh
【清新型】

feminine
【魅力型】

cool
【帅气型】

61

active cute
【活泼可爱型】

cool casual
【帅气休闲型】

soft elegant
【温柔优雅型】

elegant
【优雅型】

Point
发型指南

用卷发增加华丽感
是第一原则

○ 长度

推荐中长发到长发的长度。如果是短发，最好不要选择中性风发型，尽量烫成卷发，或者增加后脑勺的蓬松感，打造成熟风短发。有没有刘海儿都可以，如果要剪刘海儿，最好剪成熟风的斜刘海儿。

○ 轮廓

圆圆的轮廓与整体风格相称。卷发这种曲线型发型能增添华丽感，非常适合该类型的人。碎发、发尾外翘的齐颈短发这类直线感较强的发型不合适。

短发

中长发

长发

Face type { 04 } cool

帅气型

　　"成人型 × 直线型"这一特征适合时尚感强、帅气的风格。该类型的人能够轻松驾驭整洁、干练的都市中性风穿搭。但是，该类型的人有时会显得过于男性化，在穿搭方面可以选择女性化的颜色、面料或者在细节中加入曲线元素。

◎ 适合的风格

帅气、中性、现代、优雅。

◎ 推荐品牌

Theory、ICB、JOSEPH、ESTNATION、BARNEYS NEWYORK、BEIGE、Calvin Klein、DKNY、GOUT COMMUN、index、BOSCH、DRESSTERIOR、Mystrada、qualite、TOMORROWLAND、COUP DE CHANCE、UNITED ARROWS、PLST、INDIVI、allureville。

◎ 推荐杂志

《Domani》《Precious》《Oggi》《CLASSY.》《Marisol》《éclat》。

cute
【甜美型】

fresh
【清新型】

feminine
【魅力型】

cool
【帅气型】

63

active cute
【活泼可爱型】

cool casual
【帅气休闲型】

soft elegant
【温柔优雅型】

elegant
【优雅型】

魅力在于让人刮目相看
的帅气和优雅

◎ 上装

与面部风格相称的直线型设计比较适合该类型的人。V字领和衬衫领最佳，U字领和圆领也不错。如果褶边太多，会与面部风格不相称，产生不协调的感觉。如果想增加女性的柔美感，可以穿袖子带褶边的上衣，并用西服裤来搭配。只要在造型中加入能凸显气场的元素，就比较容易驾驭。挺括、密实的面料比较合适。

外套应选择简约、成熟的款式，特别推荐双排扣大衣、西服领大衣这类具有直线型轮廓的款式。帅气的皮夹克也很合适。由于属于成人型，所以不适合穿圆领上装，牛仔外套、牛角扣大衣等具有低龄感的款式也不太合适。

◎ 下装

选择裙装的话，特别推荐紧身裙和A字裙。如果要穿喇叭裙，应尽量选择褶子较少的款式。

选择裤装的话，有裤线的利落款式最合适。如果要穿阔腿裤，比起有垂坠感的柔美款式，有裤线、面料挺括的款式更合适。如果要穿牛仔裤，应选择破洞少的款式。

◎ 图案

条纹、几何图案、直线型花朵图案、斑马纹都比较合适。而圆形碎花、波点等曲线型图案以及维希格纹这种低龄感图案不太适合该类型的人。

◎ 鞋、包和帽子

尖头浅口鞋和凉鞋等成熟风格的款式比较合适。运动鞋这种休闲的款式及圆头芭蕾平底鞋这种可爱的款式不太合适。凯莉（Kelly）包[1]这种具有高级感的直线型设计特别合适。最适合的帽子是中性风礼帽。具有低龄感的报童帽和贝雷帽不太合适。

1 爱马仕的一款经典手提包。——译注

Face type

cute
[甜美型]

fresh
[清新型]

feminine
[魅力型]

cool
[帅气型]

65

active cute
[活泼可爱型]

cool casual
[帅气休闲型]

soft elegant
[温柔优雅型]

elegant
[优雅型]

◎ 配饰

普通尺寸到大尺寸的直线型配饰比较合适。如果想给面部增加柔美感，可以戴曲线型耳饰。不过，比起环状耳饰，水滴状的更合适。简洁的直线型腕饰和较粗的直线型戒指比较合适。手表最好选择有显眼的方形表盘的款式。

请将时尚单品的图片贴在下面。

Point

发型指南

用发型
增加柔美感

◎ 长度

推荐中长发到长发的长度。如果选择短发，会给人留下男性化的印象。长发更能突出女性气质，增加柔美感。有没有刘海儿都可以，如果要剪刘海儿，可以选择斜刘海儿或时尚感强的齐刘海儿。

◎ 轮廓

直发或弧度较大的卷发比较合适。可以选择前长后短的齐颈短发，也可以用大波浪卷增添华丽感。柔软蓬松的发型或曲线感强的可爱发型不适合该类型的人。

短发   中长发   长发

Face type

cute
[甜美型]

fresh
[清新型]

feminine
[魅力型]

cool
[帅气型]

67

active cute
[活泼可爱型]

cool casual
[帅气休闲型]

soft elegant
[温柔优雅型]

elegant
[优雅型]

活泼可爱型

该类型的人具有"儿童型×曲线型"这个特征，穿搭以休闲风为主比较合适。但该类型的人五官比较大，也具备一些成人型特征。应选择简约但局部有曲线型设计的衣服，休闲感是关键。可以选择视觉冲击力稍强的面料、颜色和款式，或者通过配饰增加个性。该类型的人不适合优雅的风格，会产生不协调感。

◎ 适合的风格

休闲、可爱、潮流、活泼。

◎ 推荐品牌

SNIDEL、LANVIN en Bleu、FLICKA、kate spade、alice + olivia、Te chichi、IENA、JILLSTUART、ENFOLD、MARGARET HOWELL、agnès b.、Tara Jarmon、LE CIEL BLEU、Drawer、TSUMORI CHISATO、w closet、NINE、AVAN LILY、DRWCYS、Tiara。

◎ 推荐杂志

《VERY》《FUDGE》《sweet》《GISELe》《SPUR》《美人百花》。

cute
【甜美型】

fresh
【清新型】

feminine
【魅力型】

cool
【帅气型】

69

active cute
【活泼可爱型】

cool casual
【帅气休闲型】

soft elegant
【温柔优雅型】

elegant
【优雅型】

局部展现个性的
休闲风

◦ 上装

由于上装离面部很近，最好选择与面部风格相称的有曲线型设计的款式。例如，U字领比V字领更合适，圆领比方领更合适。褶子、褶边或宝石元素都很合适。与甜美型相比，活泼可爱型的人更适合视觉冲击力稍强的单品或挺括的面料。

在外套方面，牛角扣大衣、牛仔外套这类可爱、休闲的款式最合适。如果要穿羊毛大衣或开司米大衣，推荐娃娃领、大翻领或无领的款式。虽然双排扣大衣这类直线感强、板型挺括的衣服不太合适，但大领子或较短的款式可以增添可爱感，也是可以选择的。

◦ 下装

喇叭裙、梯形裙、茧形裙、A字裙都比较合适。如果要穿长裙，棉质的比较合适。

如果选择裤装，推荐牛仔裤、棉质休闲裤、紧身裤和短裤。如果要穿成熟风的裤子，应尽量选择有褶子或带同面料缎带装饰的款式。只要添加曲线元素，就很合适。

cute
[甜美型]

fresh
[清新型]

feminine
[魅力型]

cool
[帅气型]

◦ 图案

花朵、波点、维希格纹等大尺寸的曲线型图案比较合适。粗条纹、斑马纹这种强调直线感的图案不太合适。不过，只要直线感不太强，像几何图案这种直线型图案也是可以驾驭的。

◦ 鞋、包和帽子

与甜美型类似，运动鞋这类休闲感强的鞋子、圆头芭蕾平底鞋及圆头浅口鞋都比较合适。如果想穿浅口鞋，尽量不要选择带蟒蛇纹的太酷的款式。草编包、帆布包、仿皮草包等形状偏圆、材质偏休闲的包比较合适。帽子最好选择贝雷帽这种形状偏圆的款式。

71

active cute
[活泼可爱型]

cool casual
[帅气休闲型]

soft elegant
[温柔优雅型]

elegant
[优雅型]

Point
时尚指南 Face type {05} active cute

○ 配饰

　　普通尺寸到大尺寸的曲线型配饰比较合适。该类型的人也能驾驭视觉冲击感强的大尺寸配饰。很适合塑料等休闲感强的材质，可以塑造活泼可爱型独有的风格。推荐女性化、个性鲜明、富有视觉冲击力的腕饰。戒指也可以选择有圆形图案的款式。如果要戴手表，可以选择表盘为圆形或椭圆形的款式。

72

请将时尚单品的图片贴在下面。

Point
发型指南

形状偏圆的发型
让魅力升级

◦ 长度

与甜美型相同，推荐短发到齐颈短发的长度。长发并不是不合适，但头发越长，越容易给人过于老实的印象。最好随意地扎起头发或者剪刘海儿。丸子头非常适合该类型的人。

◦ 轮廓

形状偏圆的整体轮廓是最合适的。蓬松、柔软的质感和自然的风格与面部风格相称。碎发、有层次感的发型、长度一致的长发、前长后短的齐颈短发等帅气风发型以及华丽的成熟风卷发都不太合适。

短发

中长发

长发

Face type

cute
[甜美型]

fresh
[清新型]

feminine
[魅力型]

cool
[帅气型]

73

active cute
[活泼可爱型]

cool casual
[帅气休闲型]

soft elegant
[温柔优雅型]

elegant
[优雅型]

帅气休闲型

整体走休闲路线会比较合适。由于面部直线线条偏多，所以带曲线元素的可爱风格不适合该类型的人。直线型的帅气风或简约风更合适。该类型的人脸上没什么肉感，属于儿童型，也很适合中性风的打扮。稍带个性化设计的休闲服装也很合适。

适合的风格

帅气休闲风、中性、时尚感、运动风。

推荐的品牌

JOURNAL STANDARD、MURUA、AMERICAN RAG CIE、Mila Owen、Another Edition、UNITED ARROWS、BEAMS、L'Appartement、URBAN RESEARCH、Whim Gazette、TODAYFUL、Deuxieme Classe、COMME CA DU MODE、HELMUT LANG、DIESEL、PLAIN PEOPLE、JOSEPH、MOUSSY。

推荐的杂志

《GISELe》《GLOW》《FUDGE》《VERY》《CLASSY.》《SPRiNG》。

cute
[甜美型]

fresh
[清新型]

feminine
[魅力型]

cool
[帅气型]

75

active cute
[活泼可爱型]

cool casual
[帅气休闲型]

soft elegant
[温柔优雅型]

elegant
[优雅型]

在休闲穿搭中加入
趣味元素

◎ 上装

领口或袖子上的某处有直线型设计的休闲风服装比较合适。可以选择一些简约而不失帅气感的休闲服装，例如用皮夹克搭配横条纹T恤。该类型的人穿男式衬衫也会很好看。还可以选择宽松、有分量的大码服装。

在外套方面，牛仔外套、飞行夹克、皮夹克、军装夹克等气场强的款式都非常合适。双排扣大衣、西服领大衣、西服外套等也很合适。尽量避免选择褶边多的上装。

◎ 下装

清爽、利落的"I"形连衣裙或牛仔紧身裙比较合适。褶子多、裙摆大的喇叭裙包含太多曲线元素，不太适合该类型的人。

如果选择裤装，短裤、阔腿裤、男友风牛仔裤、紧身裤都比较合适。尤其推荐牛仔裤。

Face type

cute
【甜美型】

fresh
【清新型】

feminine
【魅力型】

cool
【帅气型】

77

active cute
【活泼可爱型】

cool casual
【帅气休闲型】

soft elegant
【温柔优雅型】

elegant
【优雅型】

◎ 图案

横竖条纹这类直线型图案比较合适。星星图案也很合适。如果是花朵图案，尽量选择碎花或线形花朵图案。

◎ 鞋、包和帽子

运动鞋、尖头平底鞋、工装靴、长筒马靴等有分量的鞋子非常合适。原则上应选择简约、帅气风格的包，有皮革、镶边、铆钉等休闲元素会更好。中性风的棒球帽很适合该类型的人。

◎ 配饰

　　小尺寸到普通尺寸、具有直线型设计、不过分张扬的简约款式比较合适。该类型的人很难驾驭大尺寸、曲线感强的配饰。如果想戴形状偏圆的配饰，一定要选小尺寸的款式。过于可爱的配饰不太合适。如果要戴手表，最合适的是表盘为方形的款式，表盘为圆形的中性风款式也不错。

请将时尚单品的图片贴在下面。

休闲风的发型
不会出错

◎ 长度

推荐短发到中长发的长度，齐肩长发更能展现魅力。有刘海儿的发型比较合适，最好剪斜刘海儿。如果想显得成熟一些，可以不剪刘海儿。

◎ 轮廓

直线感强的发型比较合适。过于夸张的卷发会显得不协调，最好选择自然的波浪卷或稍微内扣的发型。选择直发的话，发尾外翘的发型非常合适。如果想增添个性，可以剪略带随意感的不对称刘海儿。华丽的成熟风卷发不太适合该类型的人。

短发

中长发

长发

Face type

cute
【甜美型】

fresh
【清新型】

feminine
【魅力型】

cool
【帅气型】

79

active cute
【活泼可爱型】

cool casual
【帅气休闲型】

soft elegant
【温柔优雅型】

elegant
【优雅型】

温柔优雅型

　　因为属于成人型，所以高雅、华丽的风格比较合适。过于休闲的风格会显得不协调。由于兼具直线型和曲线型2种特征，穿衣风格取决于哪种特征更明显，适合的衣服差异较大。直线型特征更明显的人与帅气型类似，适合简约的风格；曲线型特征更明显的人适合的风格与魅力型类似。

◎ 适合的风格

温柔优雅、高级、传统、精致。

◎ 推荐品牌

INED、DES PRÉS、UNTITLED、Paul Stuart、AMACA、TOMORROWLAND、NATURAL BEAUTY BASIC、M-PREMIER、ROPE'、NOLLEY'S、BOSCH、Mystrada、自由区、组曲、MOGA、NOBLE、La TOTALITE、COUP DE CHANCE、INDIVI、OFUON。

◎ 推荐杂志

《Precious》《Oggi》《BAILA》《Domani》《Marisol》《ミセス》。

Face type

cute
[甜美型]

fresh
[清新型]

feminine
[魅力型]

cool
[帅气型]

81

active cute
[活泼可爱型]

cool casual
[帅气休闲型]

soft elegant
[温柔优雅型]

elegant
[优雅型]

用内敛的女人味给人留下好印象

○ 上装

该类型的人的魅力在于高级感，所以简约、不新奇的保守款式是最合适的。如果是有装饰性设计的服装，可能驾驭不了。推荐衬衫、针织衫、套头衫、蕾丝上衣等成熟、有女人味的服装。由于兼具直线型和曲线型2种特征，V字领、U字领和圆领都很合适。褶边太多或太有棱角的款式不太合适。由于该类型的人属于成人型，所以休闲风也不太合适。

在外套方面，简约的羊毛大衣或开司米大衣、立式折领大衣比较合适。连帽外套、牛仔外套、牛角扣大衣等具有低龄感的款式不太合适。

○ 下装

如果选择裙装，特别推荐紧身裙、A字裙和百褶裙。如果想穿喇叭裙，褶子较少的款式更合适。柔软的面料很适合该类型的人。合适的长度在及膝的长度到长裙的长度之间。

如果选择裤装，设计简约、面料高档的裤子比较合适。

cute
[甜美型]

fresh
[清新型]

feminine
[魅力型]

cool
[帅气型]

◦ 图案

原则上纯色是最合适的。如果要穿带图案的衣服，建议选择细条纹、小型几何图案、腰果花图案、碎花。颜色较浅、尺寸较小的图案是最合适的。

◦ 鞋、包和帽子

浅口鞋、凉鞋这类有女人味的高档鞋子比较合适。运动鞋不太合适。简约、高级的包比较适合该类型的人。在帽子方面，宽度适中的宽边女帽、礼帽这类成熟风的帽子比较合适。休闲风棒球帽、户外风遮阳帽不太合适。

active cute
[活泼可爱型]

cool casual
[帅气休闲型]

soft elegant
[温柔优雅型]

elegant
[优雅型]

○ **配饰**

　　小尺寸到普通尺寸的款式比较合适。直线型设计和曲线型设计都可以。不过，装饰性强、尺寸较大的配饰不太合适。最好避免选择设计过于夸张的腕饰、戒指、手表。

84

请将时尚单品的图片贴在下面。

Face type

cute
[甜美型]

fresh
[清新型]

feminine
[魅力型]

cool
[帅气型]

85

active cute
[活泼可爱型]

cool casual
[帅气休闲型]

soft elegant
[温柔优雅型]

elegant
[优雅型]

Point
发型指南

增添一丝动感，
例如让发尾微卷

○ 长度

　　推荐短发到中长发的长度。短发可以给人留下整洁、干练的印象，稍微留长一些会更有女人味，不仅整体更协调，精致度也会得到提升。有没有刘海儿都可以，想剪刘海儿的话，尽量选择斜刘海儿，会显得更成熟。

○ 轮廓

　　直发或弧度较小的卷发都比较合适。长度在齐颈短发到中长发之间的内扣发型以及保守、贵气的发型都很合适。推荐剪斜刘海儿或不剪刘海儿。齐刘海儿不太合适。

短发

中长发

长发

优雅型

◎ 优雅型

与温柔优雅型一样属于成人型，高雅、华丽的风格比较合适。过于休闲的风格会显得不太协调。由于兼具直线型和曲线型2种特征，穿衣风格取决于哪种特征更明显，适合的衣服差异较大。直线型特征更明显的人与帅气型类似，适合简约的风格；曲线型特征更明显的人适合的风格与魅力型类似。但是要注意，与温柔优雅型相比，这个类型的人应该更加注重华丽感和力量感。

◎ 适合的风格

优雅、端庄、传统。

◎ 推荐品牌

PINKY & DIANNE、COUP DE CHANCE、The Virgnia、NARACAMICIE、MOGA、Mystrada、La TOTALITE、TOMORROWLAND、ESTNATION、GOUT COMMUN、allureville、GRACE CONTINENTAL、YOKO CHAN、TADASHI SHOJI、BARNEYS NEWYORK、DOUBLE STANDARD CLOTHING、wb、GALLARDAGALANTE、NOBLE、JUSGLITTY。

◎ 推荐杂志

《Marisol》《BAILA》《Domani》《CLASSY.》《Precious》《HERS》。

cute
[甜美型]

fresh
[清新型]

feminine
[魅力型]

cool
[帅气型]

87

active cute
[活泼可爱型]

cool casual
[帅气休闲型]

soft elegant
[温柔优雅型]

elegant
[优雅型]

Face type { **08** } elegant

突出华丽感的穿搭
是最优解

◦ 上装

该类型的人的魅力在于华丽感，如果颜色、设计、图案和面料很普通，看起来就会很单调。即使是简单的衬衫，也要通过灯笼袖这类元素增加华丽感和视觉冲击力，展现魅力。如果要穿简单的针织衫，就用大尺寸的配饰或围巾来增加华丽感。略微挺括的面料比较合适。

在外套方面，可以选择简约的羊毛大衣或开司米大衣、双排扣大衣，用披肩、围巾等增加华丽感。

◦ 下装

如果选择裙装，紧身裙、A字裙、百褶裙和喇叭裙会很合适。挺括的面料和颜色鲜艳的款式比较合适，以及膝的长度到长裙的长度为佳。

如果选择裤装，设计简约、面料高档的裤子比较合适。

◦ 图案

大尺寸的图案比较合适。花朵、几何图案、豹纹等曲线型图案和条纹、斑马纹等直线型图案都很合适。小尺寸图案会显得很单调。

◎ 鞋、包和帽子

浅口鞋和凉鞋这类有女人味的高档鞋比较合适。运动鞋不太合适。高档、简约的包比较合适。在帽子方面，宽边女帽、帅气的礼帽这类具有成熟感的帽子比较合适。最好不要戴休闲风棒球帽、户外风遮阳帽。

Face type

cute
[甜美型]

fresh
[清新型]

feminine
[魅力型]

cool
[帅气型]

89

active cute
[活泼可爱型]

cool casual
[帅气休闲型]

soft elegant
[温柔优雅型]

elegant
[优雅型]

◎ 配饰

如果是普通尺寸到大尺寸的配饰，简约的款式和装饰性强的款式都很合适。尺寸较小的配饰看起来会有些单调。腕饰、戒指和手表都可以选择普通尺寸到大尺寸的款式。装饰着水钻的闪闪发光的配饰也能轻松驾驭。

请将时尚单品的图片贴在下面。

cute
[甜美型]

fresh
[清新型]

feminine
[魅力型]

cool
[帅气型]

91

active cute
[活泼可爱型]

cool casual
[帅气休闲型]

soft elegant
[温柔优雅型]

elegant
[优雅型]

Point 发型指南

更能展现美丽的
长发是首选

◦ 长度

　　推荐该类型的人留长发。短发会给人帅气的印象，留长发更能展现女人味，整体会更协调，看起来也更漂亮。有没有刘海儿都可以，如果要剪刘海儿，最好剪斜刘海儿，会显得更成熟。

◦ 轮廓

　　直发和大波浪卷都很合适。蓬松、过卷的可爱风发型不太合适。推荐剪斜刘海儿或不剪刘海儿。齐刘海儿不太合适。

短发　　　　　　　中长发　　　　　　　长发

用"头像拼接"轻松确认
脸型分析的结果

脸型是决定服装风格的主要因素。知道这一点，但是不知道具体适合穿什么衣服的时候，**"头像拼接"**是一个很实用的方法。

使用这种方法，可以更直观地认识脸型分析的结果，从视觉上判断哪些单品适合自己。

具体的做法是，**将自己的脸部照片放在时尚杂志中模特儿的脸的位置上，判断那种穿搭是否适合自己**。理解脸型分析的基本原理后再使用这种方法，就能更客观地看待自己的脸型。

开始之前，要准备以下3种物品。

◎ 准备物品

※ 2~3本时尚杂志

※ 自己的彩色脸部照片（长和宽分别为2~3厘米）

※ 剪刀或美工刀

让时尚杂志发挥120%的作用

这个方法很简单。先准备好自己的脸部照片，游客照或贴在简历上的证件照都可以。

将照片上脖子以上的部分剪下，面部的长和宽分别为2~3厘米。尽量选择发型、妆容跟平时差不多的照片。

接下来，准备2~3本时尚杂志。如果不知道该选哪本杂志，可以参考脸型分析结果中推荐的杂志。即使是整体风格相似的杂志，在具体风格上也会有所不同，所以不必特地去找其他杂志。

例如，适合具备"儿童型 × 曲线型"特征的人的杂志有《MORE》《sweet》《美人百花》等。**头像拼接只是对风格进行确认，参考一下杂志上合适的风格即可。**

邮购商品的目录也能发挥意想不到的作用。大多数商品目录可以免费获得，**里面介绍的搭配很真实，服装风格也比较多样，在此强烈推荐。**

选好了杂志，就可以尝试将自己的照片放在模特儿的脸的位置上。这样一来，就能知道哪件衣服在自己身上看起来比较自然，哪件衣服在自己身上看起来不太协调。所谓"自然"，就是指合适。

看完这本书再使用这个方法，你会发现，头像拼接能帮你找出符合体形分析和个人色彩分析结果的单品，确实是一种非常实用的方法。

此外，网购时也可以使用这个方法。将自己的脸部照片放在商品图上，就能直观地判断它是否适合自己。

制作专属时尚手册

　　找到既喜欢又适合自己的搭配，可以用剪刀或美工刀从杂志上裁剪下来。

　　准备一本笔记本，将这些图片贴在上面，你的专属时尚手册就做好了。

　　这本专属时尚手册汇集了你需要的信息，只要查看手册，你就可以轻松地记住哪些单品适合你。随着手册越来越完善，你会变得越来越会穿搭，浪费的情况也会越来越少。

专栏2
决定图案大小是否合适的是脸型，不是身高

你认为决定一个人适合什么图案的标准是什么？

有人认为，个子较高的人适合大尺寸图案，个子较矮的人适合小尺寸图案。实际上，**比身高更重要的因素是脸型**。

假设我们要选一条带花朵图案的连衣裙。演员小西真奈美的个子比较高，但碎花图案比大花朵图案更适合她——因为她的相貌属于儿童型，五官也偏小。因此，即使个子比较高，她也不适合大花朵图案。演员土屋太凤的个子比较矮，但她的相貌属于成人型，五官也偏大，所以大花朵图案更适合她。

这个规律不仅适用于挑选花朵图案，几乎对所有图案都可以用这种方法进行挑选。尤其是眼睛大而有神的人，最适合视觉冲击力强的大尺寸图案。

请记住，**图案大小是否合适与身高无关，脸型、五官的大小及形状才是主要决定因素**。

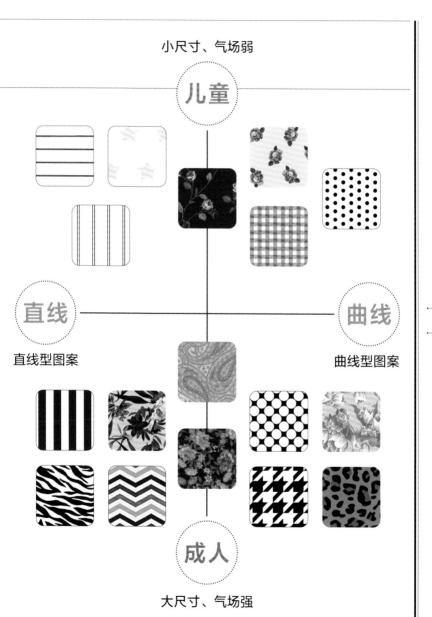

小尺寸、气场弱

儿童

直线 曲线

直线型图案 曲线型图案

成人

大尺寸、气场强

97

COLUMN #003

专栏 3
用配饰轻松修饰脸型、改变印象

　　配饰也像服装一样，有不同的风格。如果配饰的风格与相貌、服装相称，整体风格就会很协调。

　　靠近面部的耳饰可以修饰脸型、调整面部风格，应该将其看作面部的一部分。

　　相貌比较朴素的人可以用大尺寸配饰增添华丽感。相貌比较中性化的人可以用有吊坠的耳饰或曲线型耳饰展现女性气质。

　　想修饰圆脸就戴水滴状耳饰或长款耳饰；想修饰长脸就选择大尺寸的环状耳饰，横向增加分量感。

　　儿童型的人如果想显得成熟一些，可以选择带单颗珍珠的耳环这类经典款耳饰。

　　不要用只能看到面部的小镜子来确认效果，用全身镜检查更能确认整体风格是否协调。

小尺寸、纤细

儿童

直线

曲线

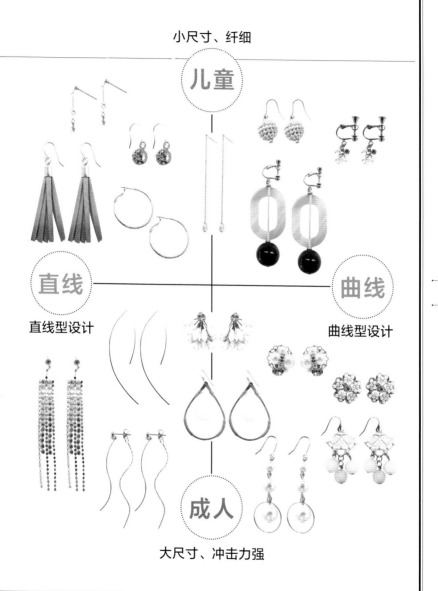

直线型设计

曲线型设计

成人

大尺寸、冲击力强

专栏4
眼镜、墨镜要与整体风格协调

眼镜、墨镜是不可或缺的时尚单品。虽然不同时期流行的款式不一样，但**总的来说，面部曲线线条较多的人适合曲线型款式，面部直线线条较多的人适合直线型款式。**

不过，我们可以借助眼镜、墨镜这类单品向理想的形象靠近。例如，具有曲线型特征的人戴上方形眼镜会给人一种时尚的感觉；具有直线型特征的人戴上椭圆形眼镜会给人一种温柔的感觉。

试戴眼镜的时候，可以随机拿3副喜欢的眼镜，在全身镜前逐一试戴。不要用只能看见面部的小镜子观察效果，用全身镜看才能客观地把握整体的协调感。

从中选出1副最适合自己的眼镜，再选2副相似的眼镜，进行比较。像这样逐渐缩小范围，就能选出最适合自己的款式。

此外，**试戴眼镜时用手机自拍，比较不同款式的上脸效果，有助于做出比较客观的判断。**

Lesson

4

接近理想形象的方法

你可以接近自己的理想形象

"我想展现女性的温柔气质。"

"我想给人留下帅气的印象。"

无论是因为对自己的相貌感到自卑、为了配合当天的心情，还是为了满足TPO原则[1]，我们的脑海中都会有一个理想形象。

如果理想形象跟自己的魅力类型不同，仅靠改变穿搭来接近理想形象，似乎很难。

如果是这样，**可以从妆容或发型等面部风格开始改变，自然地接近理想形象**。这样一来，就能驾驭其他类型的服装。也就是说，我们确实可以改变自己的形象！

本章将介绍通过妆容、发型及穿搭向理想形象靠近的小技巧。

---

1 着装应与时间（Time）、地点（Place）和场合（Occasion）这3个要素相协调。——译注

{ 通过化妆改变形象的关键点 }

位置　形状　颜色　质感

{ 通过发型改变形象的关键点 }

形状　颜色　刘海儿　发尾

{ 通过穿搭改变形象的关键点 }

形状　面料　颜色　配饰（饰品、鞋、包）

技巧1　打造女性化的圆润感

○ 妆容

眉毛：眉毛是最关键的部位。改变眉形，给人的印象也会随之改变。可以画平缓的弯眉。如果眉毛的颜色较深，可以用染眉膏染浅一些，或者用修眉刀修掉一些，起到淡化的作用。这样就能给人一种女性化的柔美感。

眼妆：用眼影和眼线强调眼部的圆形轮廓。

腮红：轻轻扫出圆形区域。

○ 发型

可以通过卷发梢、烫发或剪发塑造偏圆的轮廓。发型就像是脸部的"外框"，对整体印象的影响不可忽视。

○ 穿搭

如果是面料有垂坠感或带蕾丝装饰的服装，即使设计简约，也会给人一种女性化的感觉。

接近理想形象的诀窍

{ **英气美人也能变成温柔美人!** }

┌─────────────┐   ┌─────────────┐
│   直线型   │   →   │   曲线型   │
└─────────────┘   └─────────────┘

直线型＝中性脸＝英气   曲线型＝女性脸＝柔和

{ **适合这样的人** }

□想变得更有女性气质

□不想显得过于中性化

□想受异性欢迎

□想给人留下温柔的印象

技巧2 打造帅气的直线线条

妆容

眉毛：眉毛是最关键的部位。改变眉形，给人的印象也会随之改变。略粗的直线型眉形会给人一种英气的感觉。

眼妆：用眼影和眼线加深眼尾，让眼睛显得更细长。

腮红：向斜上方扫出椭圆形区域，打造棱角感。

发型

尽量选择直发，在面部周围增加一些直线线条。可以剪斜刘海儿，也可以不剪刘海儿，营造干净利落的氛围。

穿搭

选择简约的上装或下装。如果选择挺括的面料，会给人一种帅气的感觉。

接近理想形象的诀窍

{ **温柔美人也能变成英气美人！** }

{ 曲线型 } → { 直线型 }

曲线型＝女性脸＝温柔　　　直线型＝中性脸＝英气

{ **适合这样的人** }

☐ 喜欢帅气的形象

☐ 想给人工作能力强的印象

☐ 想显得强势一些

☐ 想显得更有力量感

技巧3 增加平面感

◦ 妆容

眉毛：不需要打造高眉峰，画平眉就可以。

眼妆：尽量不要选择立体感较强的渐变眼妆，可以使用单色眼影，让眼睛显得更明亮、更纯净。

腮红：横向扫出椭圆形区域，视觉上增加面部宽度。

◦ 发型

尽量剪有刘海儿的发型。但是要注意，齐刘海儿不太合适，最好剪斜刘海儿。发尾不能过卷，要自然一些。剪短发会给人年轻、清新的印象。

◦ 穿搭

推荐稍显华丽的休闲风穿搭。例如，连帽卫衣搭配牛仔裤和运动鞋等休闲风单品会显得不够时髦。此时可以选择用带成熟风元素的鞋来搭配，例如将运动鞋换成芭蕾平底鞋。

接近理想形象的诀窍

{ **美艳系也能变成可爱系!** }

{ **成人型** } → { **儿童型** }

成人型＝美艳、沉稳   儿童型＝可爱、年轻

{ **适合这样的人** }

- □不想显得太老
- □比起美艳风，更喜欢可爱风
- □想给人温柔的印象
- □想给人容易亲近的印象

技巧4　打造立体感

○ 妆容

眉毛：可以用眉粉缩短眉间距。加上鼻影，增高眉峰，会更显成熟。

眼妆：用眼影和眼线让眼睛看起来更大。线条清晰的妆容可以展现成熟感。

腮红：向斜上方扫出椭圆形区域，让面部的棱角更明显。

○ 发型

可以剪斜刘海儿，或者剪较长的刘海儿，记得露出额头。将发尾烫卷可以增加成熟感。

○ 穿搭

可以选择成熟风的上装或下装。例如，可以用男友风牛仔裤搭配有垂坠感的衬衫，也可以用休闲风针织衫搭配有裤线的裤子或紧身裙，营造高级感。

接近理想形象的诀窍

{ **可爱系也能变成美艳系！** }

┌─────────────┐ → ┌─────────────┐
│   **儿童型**   │   │   **成人型**   │
└─────────────┘   └─────────────┘

儿童型＝可爱、年轻　　　　成人型＝美艳、沉稳

{ **适合这样的人** }

□不喜欢显小（希望形象与年龄相符）

□比起可爱风，更喜欢美艳风

□想给人可靠的印象

□想给人利落、能干的印象

专栏5
让身材看起来很好的最佳衣长是？

衣长会决定衣服上身后的平衡感。虽然接下来要介绍的体形是影响平衡感的重要因素，但身高和胖瘦其实会有个体差异。所以，仔细观察全身镜中的自己，找到最适合自己的衣长是非常重要的。

请记住最基本的原则：**衣服的边缘处容易吸引人的视线。**

衣服的边缘处是指**袖口、下摆**等处。想通过边缘处展现身材，就要让它们出现在有优势的身体部位附近。

例如，对上臂较粗的人来说，能遮住上臂的五分袖上衣比超短袖上衣显瘦。如果想展现纤细的脚踝，能露出脚踝的长裙比及膝长裙的效果好。

通过体形分析，
找到更闪亮的自我风格

你是哪种类型？
自我对照分析

体形分析以人天生的身体线条和肌肉柔软度为依据，可以针对服装的板型和整体平衡给出建议，帮你找到更显身材的穿搭风格。

体形可以分为"直筒型""波浪型"和"自然型"。体形分析通过观察颈部以下的骨骼进行判断。

在通过脸型分析找到的风格的基础上，加上体形分析推荐的板型和整体平衡，就能找到最适合自己的时尚风格。

◦ 3种体形的特征

各体形的特征如下：

※ **直筒型** ⇒ 重心偏上，身体从侧面看具有一定厚度、有起伏的体形。

※ **波浪型** ⇒ 重心偏下，肌肉柔软的纤细体形。

※ **自然型** ⇒ 重心适中，关节发达且不太丰腴的体形。

体形分析的效果

服装与体形相称	服装与体形不相称
· 身材看起来很好 · 显瘦	· 显胖 · 看起来很寒酸

体形分析可以告诉你选择衣服的3大要点!

① **领口大小** ⇒ 有些人穿大领口的衣服显瘦，有些人穿大领口的衣服却显得很寒酸。

② **重心位置** ⇒ 有些人提高视觉重心看起来更轻盈，有些人降低视觉重心才更显轻盈。视觉重心与腰带的位置、腰线位置、下装的长度和分量感等诸多因素有关。

③ **是否显身材** ⇒ 有些人穿合身的衣服更显身材，有些人穿板型挺括的衣服或宽松的衣服更合适。

自我分析的步骤和要点

进行体形分析时，请将各项体形特征与自身进行对照，符合项目最多的类型就是你的体形。

如果自身情况符合2个以上类型的特征，且符合的项目数差不多，说明你同时具备多种体形特征。

在进行对照时，有3个易于理解的要点：**从侧面看的身体厚度、肌肉柔软度及重心。**

想判断身体的厚度，可以将双手放在身体两侧下胸围线的位置上，握住身体，就像握住一个大圆筒一样。这时，手型越接近圆形，说明身体越厚；如果手型呈椭圆形，说明身体较薄。

想判断肌肉是否有弹性或是否柔软，可以捏一下上臂内侧，如果感受到反弹的阻力，说明身体具有弹性；如果像年糕那样变形了，说明身体比较柔软。

想确定身体的重心位置，要用到一根腰带。在全身镜前将腰带扎在正常腰线的位置上，然后逐渐向下移动。如果腰带扎在正常腰线的位置上时身材比例看起来最好，说明你属于直筒型。如果腰带在高腰位置时比例最好，就属于波浪型。如果腰带在低腰位置时比例最好，就属于自然型。

直筒型

对照项目

- ☐ 身体比较厚
- ☐ 立体感较强
- ☐ 重心偏上
- ☐ 欧美人体形
- ☐ 上胸围线偏高
- ☐ 腰线偏高
- ☐ 容易长肌肉
- ☐ 肌肉有弹性
- ☐ 发胖时是苹果型身材
- ☐ 身材丰满
- ☐ 锁骨不明显
- ☐ 膝盖没有明显突出
- ☐ 膝盖下方的骨头又细又直
- ☐ 腕骨突起不明显
- ☐ 脖子较短
- ☐ 腰部至臀部呈桃形，上臀部具有圆润感

直筒型的人请看第120页→

Body type

straight
［直筒型］

wave
［波浪型］

natural
［自然型］

117

波浪型

对照项目

- ☐ 身体比较薄
- ☐ 平面感较强
- ☐ 重心偏下
- ☐ 东亚人体形
- ☐ 上胸围线偏低
- ☐ 容易长脂肪
- ☐ 肌肉柔软
- ☐ 发胖时是梨型身材
- ☐ 纤细、骨感
- ☐ 锁骨很明显
- ☐ 膝盖微微突出
- ☐ 小腿骨容易向外侧弯曲
- ☐ 腕骨突起明显
- ☐ 脖子较长
- ☐ 腰部至臀部呈梨形

波浪型的人请看第122页→

自然型

对照项目

- ☐ 略有平面感
- ☐ 重心位置适中
- ☐ 骨骼结实，关节强壮
- ☐ 不易发胖
- ☐ 不容易长肌肉和脂肪
- ☐ 骨头很明显
- ☐ 颧骨较大
- ☐ 相对身高来说，手脚偏大
- ☐ 锁骨、肩胛骨大而结实
- ☐ 膝盖骨偏大
- ☐ 小腿骨较粗
- ☐ 上臂没有肉感
- ☐ 腕骨突出明显
- ☐ 腰部至臀部较长，呈青椒形

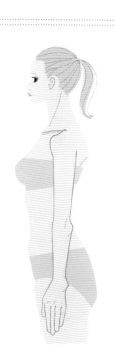

Body type

straight
【直筒型】

wave
【波浪型】

natural
【自然型】

119

自然型的人请看第124页→

让身材显得更好的秘诀

直筒型

对直筒型身材的人来说，**服装应以没有过多装饰的简约基础款为主。**

衣服的尺寸是否合适是最重要的一点。如果衣服过于贴身，会强调身体的厚度，很显胖；如果衣服过于宽松，会显得很邋遢。

可以通过让脖子周围留白的方式营造清爽的氛围。V字领、U字领、衬衫领这类较深的领口可以削弱上半身的臃肿感。此外，太短的衣服会显胖，太长的衣服会显得很邋遢，一定要注意选择合适的长度。

下装应选择强调纵向线条的清爽单品。该类型的人腰部、臀部位置较高，很适合穿裤装。视觉重心应该在正常腰线处。高腰的款式会显胖，低腰的款式会显得很邋遢，都要尽量避免。此外，挺括的高品质面料会有显瘦的效果。

直筒型

儿童

直线

曲线

成人

Body type

straight
[直筒型]

wave
[波浪型]

natural
[自然型]

121

让身材显得更好的秘诀

波浪型

对波浪型身材的人来说，**服装应以体现女性曲线的修身款式或者具有蓬松感的款式为主。**

该类型的人腰比较细，下半身体积感较强，适合腰部修身、下摆呈喇叭状的款式。

选择上装的时候，设计比较复杂或者能露出锁骨的一字领等横向的领口比较合适。如果领口开得太大，身体会显得很单薄，给人一种很寒酸的感觉。应尽量选择衣长较短或普通长度的上装。如果衣长过长，视觉重心就会下移，应尽量避免。

推荐腰线在下胸围附近的设计，可以提高视觉重心。如果整体轮廓很宽松，没有紧致感，就会显得土气，所以应尽量选择有松有紧的款式。

适合该类型的人穿的半身裙有很多种。如果选择裤装，七分裤或小脚裤这类能提高视觉重心的单品比较合适。几乎所有的连衣裙都很合适。

波浪型

儿童

直线

曲线

成人

Body type

straight
[直筒型]

wave
[波浪型]

natural
[自然型]

123

让身材显得更好的秘诀

自然型

对自然型身材的人来说，**服装应以具有宽松轮廓、不过分精致的款式为主。**

该类型的人关节较大且骨骼结实，能够不留痕迹地掩盖这些特征的宽松服装会让身材显得更好。如果穿修身的衣服，身体的关节和骨骼感会很明显，应尽量避免。

在上衣方面，oversize风格（宽松的大码服装）、衣长较长的款式比较合适。推荐不会露出过多皮肤的款式。普通宽度的袖口及大袖口都很合适，推荐蝙蝠袖和喇叭袖。

在下装方面，及膝的紧身裙、长裙、长裤比较合适。降低视觉重心会更显身材，所以应尽量选择低腰线的连衣裙或腰部较宽松的款式。

推荐着装风格

自然型

儿童

直线   曲线

成人

Body type

straight
[直简型]

wave
[波浪型]

natural
[自然型]

125

专栏6
适合不同体形的人的项链长度

　　适合不同体形的人的项链长度与整体平衡有关，因此应结合体形分析的结果进行判断。

　　对直筒型的人来说，要让脖子周围看起来很清爽，还要为有厚实感的上半身增加一些纵向线条。对波浪型的人来说，掩盖上半身的瘦弱感并提高视觉重心是最重要的。对自然型的人来说，用具有一定长度的单品协调整体平衡才是正确的选择。适合不同体形的人的项链长度是不一样的。

　　如果不知道自己应该选择多长的项链，可以参考下图。

超短型（35~40厘米）
适合波浪型

公主型（40~50厘米）
适合波浪型

马天尼型（50~55厘米）
适合波浪型、直筒型、自然型

歌剧型（70厘米左右）
适合直筒型、自然型

结绳型（140厘米左右）
适合直筒型、自然型

6

个人色彩分析帮你
找到自己的专属色彩

你是哪种类型？
自我对照分析

个人色彩分析可以帮你找到与个人色彩相称的颜色。

适合你的颜色能让肤色显得更美，还能让表情更加生动。如果身上有不适合你的颜色的单品，会让气色显得很差，还会给人留下不协调的负面印象。

至此，脸型分析已经帮我们找到了合适的风格，体形分析也帮我们找到了合适的板型和整体平衡。再加上通过个人色彩分析得出的颜色，就能打造属于自己的完美形象。

了解适合自己的颜色，就能以更自信的心态享受穿搭的乐趣。

◎ 4种个人色彩类型的特征

个人色彩分为"春季型""夏季型""秋季型""冬季型"。其中，温暖的黄调色彩属于春季型和秋季型，清凉的蓝调色彩属于夏季型和冬季型。根据各自的特征，还可以进一步细分。

※ **春季型** ⇒ 黄调色彩中鲜艳、活泼的颜色。

※ **秋季型** ⇒ 黄调色彩中暗淡、素净的颜色。

※ **夏季型** ⇒ 蓝调色彩中明亮、柔和的颜色。

※ **冬季型** ⇒ 蓝调色彩中较鲜艳的颜色。

颜色主要分为2种基调

	黄调	蓝调
鲜艳的颜色	春季型	冬季型
素净的颜色	秋季型	夏季型

自我分析的步骤与要点

个人色彩分析需要用到书末附赠的 A、B、C、D 4 张色卡。为了做出正确的判断，请在**有自然光的明亮室内以素颜状态进行对照**。

如果无法自行判断，可以让朋友或家人帮忙。在进行自我分析时，很容易把平时常穿的颜色当成适合自己的颜色，实际上，两者并不对等。让其他人帮忙看看，能得到客观的结果。

①在镜子前将色卡 A 和色卡 B 放在脸旁。在哪个颜色的衬托下气色看起来更好？下一页会给出判断要点。

②以同样的方式比较色卡 C 和色卡 D，选择更显气色的那个颜色。

③将第①、②步中选出的色卡放在脸旁，选择更显气色的那个颜色。

④第③步选出来的颜色对应的类型就是你的个人色彩类型。

*通常用脸部进行对照，**用手背也可以。**

个人色彩分析

对照项目

- ☐ 皮肤看起来很亮、很干净
- ☐ 眼睛更有神
- ☐ 有面部提升的效果
- ☐ 面部立体感增强，显脸小
- ☐ 脸颊线条清晰可见
- ☐ 黑眼圈不明显
- ☐ 细纹、色斑、暗沉、雀斑、痘痘不明显

 型的人→请看第132页

 型的人→请看第134页

 型的人→请看第136页

 型的人→请看第138页

═══ 提升气色的秘诀 ═══

春季型

　　适合春季型的人的颜色是黄调中较明朗、有透明感的颜色。这些颜色会让人想起春季的原野上盛放的五颜六色的花，是充满生命力的鲜艳的颜色。

　　推荐的基础颜色有象牙白、浅驼色、暖灰色和藏青色。

　　在妆容方面，黄调的颜色都很合适。

调色盘

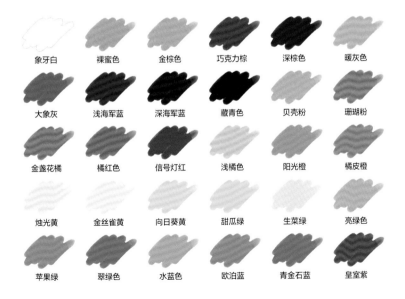

象牙白	裸蜜色	金棕色	巧克力棕	深棕色	暖灰色
大象灰	浅海军蓝	深海军蓝	藏青色	贝壳粉	珊瑚粉
金盏花橘	橘红色	信号灯红	浅橘色	阳光橙	橘皮橙
烛光黄	金丝雀黄	向日葵黄	甜瓜绿	生菜绿	亮绿色
苹果绿	翠绿色	水蓝色	欧泊蓝	青金石蓝	皇室紫

Personal color type

spring
【春季型】

Summer
【夏季型】

Autumn
【秋季型】

Winter
【冬季型】

133

发色

浅棕色　　棕色

眼影颜色

烛光黄

橙色

巧克力棕

蓝色

棕色

象牙白

金棕色

腮红颜色

橙色系

珊瑚粉色系

橙调裸色系

美甲颜色

贝壳粉

金棕色

欧泊蓝

口红颜色

裸色系　　橙色系

珊瑚粉色系

肤色：偏黄的有透明感的明亮肤色。

瞳色：亮棕色等。

发色：天生的发色通常偏亮。

提升气色的秘诀

夏季型

夏季型的人适合蓝调中的中、高亮度颜色混合少量白色形成的柔和颜色。这些颜色会让人想起梅雨季节盛开的紫阳花那种柔和的颜色。

推荐的基础颜色有灰白色、铁灰色和海军蓝。

在妆容方面，蓝调的颜色都很合适。

调色盘

灰白色	玫瑰裸色	裸粉色	可可棕	玫瑰棕	银灰色
深灰色	铁灰色	雾蓝色	海军蓝	沙粉色	玫瑰粉
灰粉色	粉紫色	深玫瑰红	草莓红	酒红色	柠檬黄
粉黄色	薄荷绿	孔雀绿	湖绿色	深绿色	粉蓝色
天蓝色	蓝色	薰衣草紫	紫罗兰色	紫水晶色	三色堇紫

Personal color type

spring
[春季型]

Summer
[夏季型]

Autumn
[秋季型]

Winter
[冬季型]

135

发色

玫瑰棕　　　深棕色

眼影颜色

沙粉色

薰衣草紫

冰蓝色

裸粉色

可可棕

银色

灰色

腮红颜色

淡粉色系

玫瑰粉色系

粉色系

美甲颜色

淡粉色

灰粉色

蓝紫色

丁香紫

口红颜色

粉色系　　　玫瑰粉色系

裸粉色系

肤色：略显苍白、黄调少的肤色。

瞳色：黑色等。

发色：柔和的黑色等。

=== 提升气色的秘诀 ===
秋季型

    秋季型的人适合黄调中偏暗且有厚重感的颜色。这些颜色会让人想起秋季的枫叶，包括红色、金黄色、大地色等有深度的颜色。

    推荐的基础颜色有牡蛎白、深棕色、苔绿色和海军蓝。

    在妆容方面，黄调的颜色都很合适。

调色盘

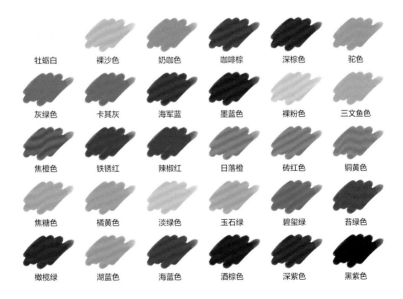

牡蛎白	裸沙色	奶咖色	咖啡棕	深棕色	驼色
灰绿色	卡其灰	海军蓝	墨蓝色	裸粉色	三文鱼色
焦橙色	铁锈红	辣椒红	日落橙	砖红色	铜黄色
焦糖色	橘黄色	淡绿色	玉石绿	碧玺绿	苔绿色
橄榄绿	湖蓝色	海蓝色	酒棕色	深紫色	黑紫色

Personal color type

spring [春季型]

Summer [夏季型]

Autumn [秋季型]

Winter [冬季型]

137

发色

棕色　　深棕色

眼影颜色

裸沙色

卡其绿

三文鱼色

棕色

香槟金

橘黄色

深棕色

腮红颜色

橙色系

桃粉色系

裸橘色系

美甲颜色

铜黄色

三文鱼色

淡绿色

口红颜色

裸色系　　橙色系

棕色系

肤色：较深的肤色、亚光质感。

瞳色：深棕色等。

发色：深棕色等。

=== 提升气色的秘诀 ===

冬季型

冬季型的人适合蓝调中清爽或浓烈的颜色。这些颜色会让人想起银色的雪中世界或有圣诞节氛围的鲜艳色彩。

推荐的基础颜色有纯白色、黑灰色、午夜蓝和黑色。

在妆容方面，蓝调的颜色都很合适。

调色盘

纯白色	月球灰	烟灰色	黑灰色	黑色	裸灰色
石板灰	海军棕	靛蓝色	午夜蓝	亮粉色	芍药红
红宝石色	深红色	勃艮第红	冰粉色	冰紫色	冰蓝色
冰绿色	柠檬黄	钴绿色	翡翠绿	松绿色	深蓝色
青花蓝	珐琅蓝	皇室蓝	紫红色	黑莓紫	暗紫色

Personal color type

spring
[春季型]

Summer
[夏季型]

Autumn
[秋季型]

Winter
[冬季型]

139

发色

深棕色　　黑色

眼影颜色

粉色

裸粉色

勃艮第红

珐琅蓝

暗紫色

黑灰色

银色

腮红颜色

淡粉色系

玫瑰粉色系

粉色系

美甲颜色

冰粉色

亮粉色

月球灰

口红颜色

粉色系　　玫瑰粉色系

红色系

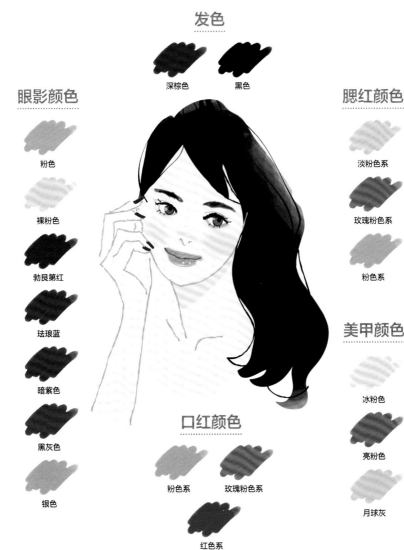

肤色：不带黄调的肤色。

瞳色：眼黑和眼白分界明显。

发色：漆黑等。

专栏7
什么颜色的配饰适合你?

配饰的颜色不止金色、铂金色、银色这几种。最近很流行玫瑰金的和金黄色的,有光面的,也有亚光的。此外,还有复古色调的配饰,种类繁多。

也许你会因为种类太多而不知道哪一种适合自己。

通常来说,**金色配饰适合黄调的春季型和秋季型的人,铂金色配饰、银色配饰适合蓝调的夏季型和冬季型的人**。

另外,**光面材质适合春季型和冬季型的人,亚光材质适合夏季型和秋季型的人**。

配饰能明显地反映潮流趋势,不必被颜色和质感的框架限制,以轻松的心态尝试一下就好。

例如,如果肤色为蓝调的人选择金色配饰,带珍珠、锆石或钻石这类白色装饰物的款式比较合适,带红色调的玫瑰金配饰也很不错。

适合不同色彩类型的颜色和材质

Spring
春季型
适合的颜色：

金色、金黄色、香槟金

材质：光面

Winter
冬季型
适合的颜色：

铂金色、银色、玫瑰金

材质：光面

黄调

蓝调

Autumn
秋季型
适合的颜色：

金色、复古色调、银色

材质：亚光

Summer
夏季型
适合的颜色：

铂金色、银色、玫瑰金

材质：光面、亚光都可以

专栏8
在穿搭中加入30%你的理想类型适合的单品，就能完美变身

服装搭配很容易千篇一律，有时候我们会有想彻底改变形象的念头。

在这种情况下，如果拥有"儿童型 × 曲线型"特征的甜美型的人想显得成熟一些，希望能驾驭拥有"成人型 × 直线型"特征的帅气型的人适合的单品，会非常困难。

这是因为她们的目标与自己原有的魅力风格差距太大，会给人一种勉强自己的感觉。

改变形象的关键点是**想接近的类型不能与原有类型差距太大，最多在穿搭中加入30%你的理想类型适合的单品**。

在上述例子中，可以以曲线这个共同特征为基础，减少儿童元素，增加成人元素。所以，甜美型的人可以向魅力型靠近。具体来说，换上尖头浅口鞋即可，其他地方不必改变。即使是这样微小的改变，给人的印象也会大不相同。

可以从远离面部的配饰风格或衣服的细节开始改变。

Lesson

7

自在地享受穿搭的乐趣！
时尚进阶指南

让衣服与年龄相称的技巧

对女性来说，随着年龄的增长和生活方式的变化，穿搭风格也会发生变化。如果能一直找到与年龄相称的穿搭风格并乐在其中就好了。

实际上，十几岁、二十几岁的人皮肤紧致，即使不考虑脸型分析、体形分析和个人色彩分析的结果，也能驾驭那些理论上不适合自己的单品。

但是，过了35岁，觉得"年轻的时候穿什么都合适，现在年纪大了，不知道为什么合适的东西越来越少了"的人变多了。因此，年纪越大，越要有效地利用分析结果，让自己变得更美。

即使体形发生改变、脸上的色斑和细纹变多，通过脸型分析得出的类型也不会改变，一生适用。但是，如果你一直穿同一种风格的衣服，就像时间停止了一样，会变得越来越老套。即使想尝试流行的风格，也要先考虑是否适合自己。我们要**时刻客观地看待自己当下的模样，通过加入与年龄相称的高级感元素，更新自己的时尚穿搭风格。**

配饰是突出时尚感的关键

请翻开杂志，选出一些你觉得很棒的搭配，然后用手盖住鞋、包、配饰等单品。当画面上只剩下衣服的时候，你可能会惊讶地发现，那件衣服的设计其实非常简单。你可能会有这样的想法："咦？看起来似乎不怎么时髦？"

原因很明显——让穿搭变得时尚的关键在于配饰。

例如，选择黑色V字领针织衫和长裤这种基础款搭配，可以在鞋子、包、配饰上加入有时尚感的设计、衣服上不常见的鲜艳图案或当季流行的材质，会立刻给人很时尚的感觉。

如果你已经有一两件适合自己的基础色（参考第6课讲到的内容）的鞋和包，建议下次买非基础色的鞋和包。

不要总是怀着"什么都能搭"这种想法购买百搭的单品，这是增加时尚感的第一步。

即使是简约的基础款服装，加上配饰也会呈现出不一样的效果。

怎样选择适合自己的店铺？

购物的时候应该怎样挑选店铺呢？

如果你去商场，不要急着走进某间店铺，先在外面看看那家店的整体氛围和橱窗模特儿穿的衣服。是褶边等曲线元素比较多？还是凌厉、帅气的直线元素比较多？是魅力系？还是优雅系？

通过观察，我们可以得知那家店里与你的脸型相称的服装多不多。

选择店铺即选择风格。选错店意味着在不合适的风格中挑选衣服。所以，**如果想穿得时尚，第一步就是找到适合自己的店铺。**进店之后，再开始寻找更显身材的款式和适合的颜色。

买衣服之前一定要试穿。不必担心"如果我试穿了，是不是就一定得买"。如果你试穿了好几件衣服，却没有合适的，说一句"谢谢，我下次再来"就离开是很正常的。

试穿的诀窍是，不要只在试衣间里观察效果，最好在能看清真实颜色的有自然光的地方，距离镜子2米左右，客观地观察全身。可以询问店员："能看到自然光的镜子在哪里？"

服装店的店员是时尚界的专家，可以放心地向他们寻求建议。询问店员的时候，最重要的是具体地告诉他们"我在找这种风格的衣服"或者"我希望别人对我有这样的印象"。

　　裤子最重要的部分是轮廓。试穿裤子的时候，需要重点注意的是背面的效果，最好在试衣间里自拍，然后对着照片进行检查。从臀部到大腿的线条很容易被别人看到，自己却很难直接确认。

　　此外，有些店里的镜子会让人看起来比现实中瘦。有时候，回到家才发现精挑细选买回来的裤子没那么好看。为了避免这种情况，**建议穿上自己最显瘦的那条裤子去逛商场。**如果比较之后，你觉得还是自己穿来的那条更好，就不必买新裤子。

　　如果你像这样反复斟酌，只买自己最喜欢的衣服，你的衣柜里就都是"主力"单品了。

整理衣柜的方法

大家多久整理一次衣柜呢？

我每年会在换季时整理2次衣物，一次是在5月的"黄金周"前后整理春夏衣物，另一次是在9月中旬降温后整理秋冬衣物。

整理衣柜时，先根据过去2年内的穿着频率进行划分。**观察那些几乎不穿的衣服，你会发现，风格、颜色、板型、面料中一定有某个方面不适合自己。**

你可能会有"我一直很喜欢这种板型，所以买了很多件，但几乎没穿过""这种颜色很吸引我，穿上却很土气"之类的想法。**"喜欢"和"合适"之间的矛盾，一定和脸型、体形、个人色彩类型有关。**

买回来2年都没怎么穿过的衣服，以后也不太可能会穿。你可能会因为不想浪费而舍不得扔，但留着不穿的衣服也没有意义，还会浪费有限的衣柜空间。建议将不穿的衣服送去回收，只留下"主力"单品。

能让心情变好的衣服才是该买的衣服

如果你穿白色衣服时经常被人夸赞，那就多买一些白色的衣服吧。如果你知道自己穿什么颜色好看，就不会买没用的东西。

"白色的我已经有了，再买几件灰色的和卡其色的吧。"像这样，有些人总想将基础色款式买齐。但是，与之相比，把钱花在适合自己的东西上更好——搭配成功的概率将大大提高。

这个道理对单品来说也同样适用。例如，白衬衫是很少受流行趋势左右的经典款单品，被很多杂志称为"每个人都有的东西"。实际上，有些人并不适合穿白衬衫，他们根本没必要勉强自己买白衬衫，应该关注其他更适合他们的东西。这样一来，既不会白花钱，心情也会更好。

无论是颜色还是单品，完全没必要集齐所有种类。

此外，如果想知道哪些颜色适合自己，除了他人的赞美，**照镜子时心情是否会变好也是一个重要的判断标准。**毕竟，穿着适合自己的衣服照镜子，看起来自然会很美，心情当然会变好。

让穿搭变简单的"三色法则"

在一般的时尚法则中，有一条是"只要全身搭配的颜色不超过3种，就会很时尚"。这种搭配方法大致可以分为2种模式。

一是加入点缀色，增加时尚感。例如，白底藏青色条纹T恤衫搭配藏青色棉质长裤，加起来是2种颜色。再穿上红色的芭蕾平底鞋作为点缀，会显得很可爱。如果用条纹T恤搭配白色帆布鞋，再披一件黄色开衫，也会很好看。点缀色的面积最好占全身的10%~30%。

二是将3种同色系的颜色搭配在一起。这种方法可以凸显高级感，给人擅长穿搭的印象。例如，用简约的米色针织衫搭配棕色的裤子，再穿上棕色的鳄鱼纹浅口鞋，戴上金色的项链或耳饰，就是经典的意大利式穿搭。

像这样，全身搭配的颜色不超过3种，就能轻松拥有时尚感。**如果用了太多不同的颜色，会给人不协调的感觉，应尽量避免。**

"犹豫不决就选黑色的！"这个说法是陷阱

有些人在购物时如果不知道该选什么颜色，就会选择黑色。

在个人色彩分析中，黑色是适合冬季型的人的颜色。冬季型的人通常有漆黑的头发和浓密的眉毛、睫毛，眼睛也很有神，所以能够驾驭黑色。即使穿一身黑衣服也会很好看。

但是，**对非冬季型的人来说，黑色很难驾驭**。黑色还会让阴影变得显眼，容易凸显人的疲态。

为了避免这些负面效果，穿黑色上衣时，应该选择领口较大或无袖的款式，露出更多皮肤。如果外套是黑色的，内搭可以选择白色的，尽量避免"一身黑"这种搭配。此外，用闪亮的光面配饰增加亮度，也可以起到很好的效果。

选择黑色单品时也要下功夫。亚光的黑色单品容易显得阴郁，如果是有光泽的缎面材质、有少许凹凸感的材质、蕾丝或纱等有透明感的材质，即使是黑色的，也会显得生动一些，更容易驾驭。

可以说，**黑色是需要精心挑选才能搭配好的颜色。**

作者简介

冈田实子

个人形象顾问，日本脸型分析协会代表理事，个人形象设计沙龙HAPPY SPIRAL 负责人。

毕业于日本立命馆大学，在企业工作 3 年后结婚了。做过 1 年家庭主妇，之后开始从事化妆品销售工作，销售业绩曾达到日本顶尖水平。后来，为了让女性除了在化妆方面，还能在色彩、时尚等方面更全面地展现自己的魅力，开始学习色彩、形象设计、彩妆、体形分析、穿搭等方面的专业知识。2005 年，她开始担任个人形象顾问，并在银座开设了沙龙，至今已为 5000 多名顾客提供过分析及咨询服务。多年来，在通过体形分析与个人色彩分析为顾客提供建议的过程中，她发现脸型对搭配是否合适影响巨大。以此为契机，她创造出"脸型分析法"并加以推广。脸型分析包含 8 种类型，依据个人脸型推荐合适的穿搭风格，得到了众多好评。

2016 年，创办培养个人形象顾问及彩妆讲师的学校 HAPPY SPIRAL Academy。2017 年，成立一般社团法人日本脸型分析协会。

A
春季型

C

秋季型

个人色彩分析对照色卡

Autumn Type

B

夏季型

个人色彩分析对照色卡

Summer Type

D

冬季型

Winter Type

1

妆容调色盘

肤色基调包括黄调和蓝调，以及不偏黄也不偏蓝的中性色调。你的肤色属于哪种色调呢？

如果你在选购眼影、腮红或口红等化妆品时，不知道该买哪种颜色，一定要参考本页的调色盘。沿虚线剪下就能随身携带。

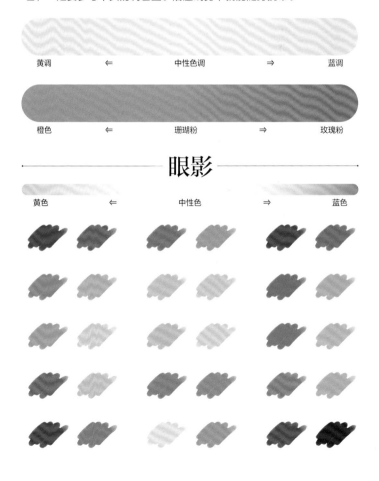

黄调   ⇐   中性色调   ⇒   蓝调

橙色   ⇐   珊瑚粉   ⇒   玫瑰粉

眼影

黄色   ⇐   中性色   ⇒   蓝色

2

妆容调色盘

腮红

| 黄色 | ⇐ | 中性色 | ⇒ | 蓝色 |

口红

| 黄色 | ⇐ | 中性色 | ⇒ | 蓝色 |

Spring Type

象牙白

暖火色

藏青色

夏季型人　基础颜色推荐

Summer Type

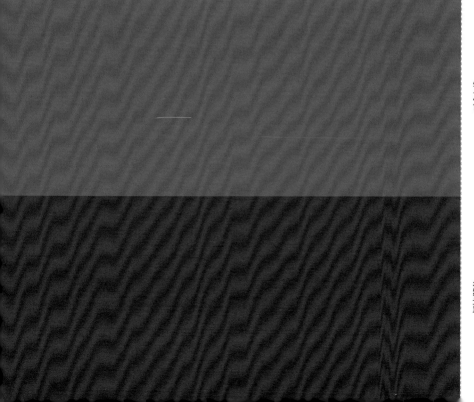

秋季型人　基础颜色推荐

Autumn Type

Winter Type

纯白色

黑炭色

午夜蓝

黑色